室内设计基础教程

准则、实践与技巧

[英国] 托米斯·汤加兹　著

汪　洋　张阿秀　译

江苏凤凰科学技术出版社·南京

江苏省版权局著作权合同登记：图字：10-2020-357

The Interior Design Course Principles, practices and techniques for the aspiring designer
First published in the United Kingdom in 2006 by Thames & Hudson Ltd
This revised and updated edition first published in 2018
Copyright© 2018 Quarto Publishing plc, an imprint of the Quarto Group

Simplified Chinese Edition 2021 by Tianjin Ifengspace Media Co. Ltd
through Quarto Publishing plc.

图书在版编目（CIP）数据

室内设计基础教程 ：准则、实践与技巧 ／（英）托
米斯·汤加兹著 ；汪洋，张阿秀译 . —— 南京 ：江苏凤
凰科学技术出版社，2021.10
ISBN 978-7-5713-2150-5

Ⅰ . ①室… Ⅱ . ①托… ②汪… ③张… Ⅲ . ①室内装
饰设计 Ⅳ . ① TU238.2

中国版本图书馆 CIP 数据核字 (2021) 第 160188 号

室内设计基础教程 准则、实践与技巧

著　　　者	[英国] 托米斯·汤加兹	
译　　　者	汪　洋　张阿秀	
项 目 策 划	凤凰空间 / 刘禹晨	
责 任 编 辑	赵　研　刘屹立	
特 约 编 辑	刘禹晨	

出 版 发 行	江苏凤凰科学技术出版社
出版社地址	南京市湖南路 1 号 A 楼，邮政编码：210009
出版社网址	http://www.pspress.cn
总 经 销	天津凤凰空间文化传媒有限公司
总经销网址	http://www.ifengspace.cn
印　　刷	上海利丰雅高印刷有限公司

开　　本	710 mm×1 000 mm 1 / 16
印　　张	11
字　　数	212 000
版　　次	2021 年 10 月第 1 版
印　　次	2021 年 10 月第 1 次印刷

标 准 书 号	ISBN 978-7-5713-2150-5
定　　价	68.00 元

图书如有印装质量问题，可随时向销售部调换（电话：022-87893668）。

前言

室内设计是介于产品设计和建筑学之间的一系列专业的综合。室内设计师的工作对象是室内的家具和空间。用"使用者专家"（Expert of the user）来称呼室内设计师最恰当不过,他们的工作是实现人与其生活、工作的室内环境的和谐共处。自本书第一版问世以来,室内设计这一领域在数字技术、软件程序和数字工具上均有所进步。材料的创新、量身定制和设计的多样化是当代室内设计中引人注目的特点。为此修订版新增了一章,介绍了与家具有关的内容,详细且丰富的案例研究展示了对不同材料的使用,以及在不同环境下对各建筑元素的应用。

室内设计,从某种意义上说,也是一种社交活动,它使设计师与客户的联系更加紧密,双方以更加高效的方式交流想法的同时,能创造性地分享彼此的志趣。室内设计师的工作意义在于,他们真正提高了人们的生活质量,并且为人们的生活带去积极的影响。如果你正在阅读此书,那么你很可能已经准备好要做出改变。

无论你想要发展对室内设计的浓厚兴趣或磨炼技艺,还是想要了解这个行业并进军设计界,本书都会令你有所收获。本书是一本室内设计的精读教程,其中设置专题研究来介绍设计的基本原则,涉及室内设计问题的方方面面。激发你的设计灵感并助你展开想象是本书的宗旨之一。不管你有何专业背景,本教程都会将你个人的创造力调动出来,并助你探索和发挥个人设计理念。

本书介绍了专业设计领域,你可以跟随设计师学到的专业室内设计技巧。本书遵循大学课程的结构,循序渐进,系统介绍室内设计这一学科。贯穿全书的专业性建议形式多种多样,学生优秀作品选供读者参考,当代职业设计案例分析则体现了该领域的现有水平和发展空间,以帮助读者提高设计技艺。

本书的每一章都会提供一系列的专题研究帮助你学习,有益于你的创造力、技术和专业技能的发展。借助一系列的媒介、材料、工具、技术和创新过程,你将对设计过程有更详细的了解,并且认识到设计的重要性。

本书的写作过程是我人生中最为宝贵的一段经历。其间,我从一名室内设计专业的学生,成长为专业设计师,再到后来成为设计专业讲师、作家、课程主管。我非常感谢这些经历,感谢这些年我的同事以及学生们给予我的无私帮助。对于室内设计这一门创造性学科,是他们对其强度和复杂性的不断质疑和检验,才使其得以不断发展。希望这本书也能带给你们同样珍贵的体验,激励你们对这门学科葆有无限的热忱和激情——记住,设计绝不仅仅只是解决问题! 设计是在塑造和改善周围环境的同时,学着理解和享受我们所处的环境。

Tomris Tangaz

本书使用指南

本书根据高等设计院校的课程要求，按章节编排，从原始创意到收尾工作，涵盖了室内设计的全过程，涉及了方方面面的问题。

本书将首先介绍如何构建设计创意，接着解释如何在此基础上进一步发展原始设想（培养手绘技能），而后讲述如何完成设计工作（绘制勘测图并建立客户资料），最后一章则介绍设计师如何根据所在公司要求整理个人作品选集，参加公司推介，以便在设计行业初步站稳脚跟。

课程章节

本书内容按章节排序，其中每节包括2～4页的内容，各部分内容相互独立，以便于你理解、掌握，且每小节都兼顾了理论和实践两部分内容。

专题研究

本书每一章都提供了一系列的专题研究，以便你在学习的过程中不断夯实自己的专业知识，同时有助于培养你的技术能力、职业能力及创造能力。

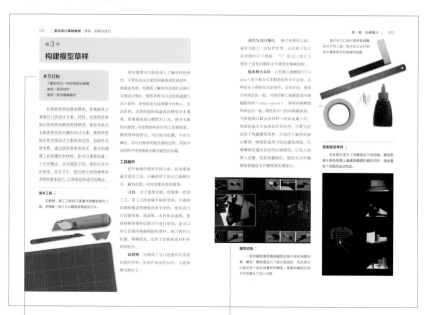

目标

每节开头将介绍本节的学习目标，以便你对本节内容有一个整体的认知。

学生作品范例

这部分提供了许多学生作品范例，以便你将自己的作品与之进行比较。

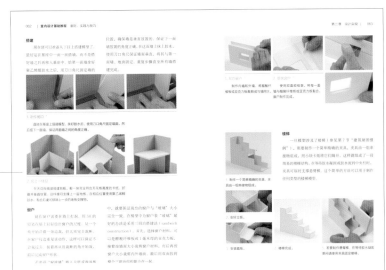

特别任务：
分步骤图解

特别拍摄的制作步骤为你提供了制作模型的实用工具，并使你对技术制图有深入了解。

案例分析

作者收集了室内设计师解决具体问题的案例，在案例分析前提供了工作简案和预算。本书提供的案例研究将有助于激发你的设计创意，并使你深入了解设计师的工作。

设计师作品范例

本书提供了大量专业的成品和半成品范例，相应附上几点意见和见解，希望能启发你设计出更高水平的作品。

目 录

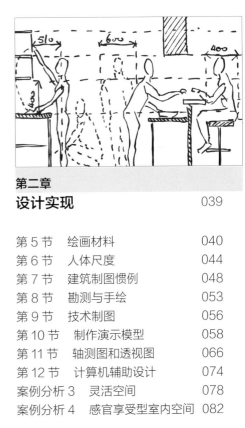

第三章
设计项目 085

第四章
结构性与非结构性设计 103

第五章
专业实践 153

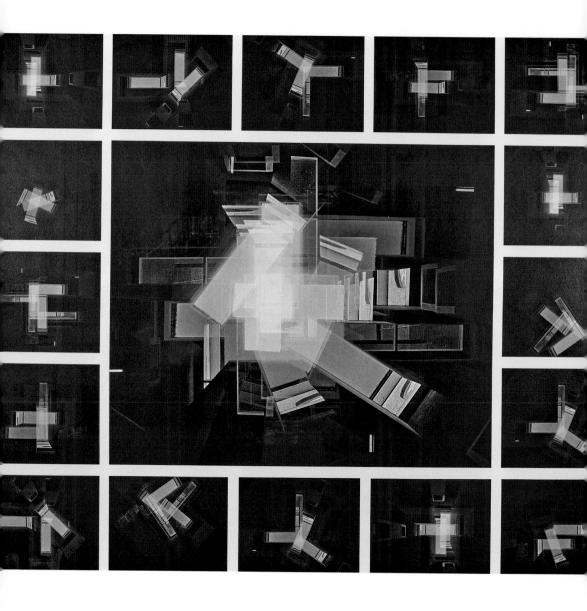

第一章

构建概念

本章将带你走过创意研发的阶段，并根据情境进行创意检验。其中几个小节将会从熟悉的题材入手，挖掘极具学习价值的内容。通过观察，你将学习如何利用周围环境，为设计理念找寻灵感。绘画、拼贴、摄影、模型制作等一系列手工技巧将帮助你探索设计中的形态、光线、质感和比例。

本章的关键技能是观察和研究。你要建立一个工作速写本，整合创意与个人研究，探索出空间概念，并开始理解设计过程。

实地考察与建筑研究

本节目标

· 学会深入研究
· 提供草图和详图
· 使用一系列绘画材料

任何研究都始于调查。不论研究对象是建筑物、设计师，还是特定的兴趣领域，研究都可在相应的工作背景下加深你对该领域的理解，使你得以全面考虑、增长见识，使用一定方法，依据一定流程，逐渐获得新发现，进而解决问题。本节将会介绍关于实地考察和建筑研究的关键步骤。你所掌握的技能将会帮助你认真观察、提出质疑、细心记录以及融会有趣的建筑理念。

在着手自己的设计之前，理解周围的环境尤为关键。周围环境所带来的体验常常会影响个人好恶。直到如今，你可能仍会将周围的环境作为每天行程的背景或壁纸，请花点时间关注周围令人兴奋的设计理念所带来的价值。实地考察会让你大开眼界，通过观察认识世界。建筑物和人一样，有性格、有价值、有特质、有信仰、有想法，我们感受建筑就是要去探索、挖掘这些特性。

捕捉情绪 ↓

原始绘图有助于捕捉所考察实地的基本特征。铅笔的反复描绘，将会勾勒出令人印象深刻的场地轮廓。

把摄影作为工具 ↓

进行实地考察时，可以通过拍照进行探索和考察。从拍摄你感兴趣的事物开始，采用序列摄影的技巧，进行空间图像的剪裁、缩小或放大。

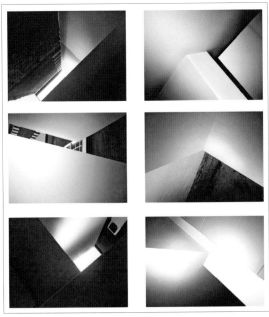

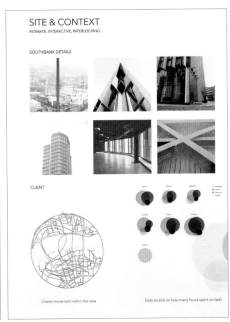

图片测验 ←↑

用摄影做测验。利用镜像对称或者旋转图像，重新创造一个空间或者渲染一种氛围。这些方式能够快速地挖掘出所研究建筑的设计语言。

专题研究

选择一幢你感兴趣的建筑。动笔绘画前，花点时间思考该建筑的几何结构。研究它的形状、大小、比例、细节、材料以及功能。使用照相机记录不同角度以及特写细节。试着抓住建筑物的本质，描述其质感，将目光聚焦于你想要探索的事物。

过程

使用建筑清单（如右所示）以分解研究任务。一旦着手绘图，则要尝试控制时长。限时绘图能使你画出不同类型的图。5分钟内完成的速写，仅仅记录了重要的理念和特点，将会很有表现力且生动活泼。一张精确的绘图会耗费更长时间，当然也会传达更多信息。

对选址环境的思考

对建筑物所处的环境展开调查。选址的周围区域能为你提供许多宝贵的信息。制作一张属于你自己的问题清单，挑出重要的场地因素，观察该建筑以何种方式坐落于所处街道。

清单

实心结构和门窗等开放元素 研究整个建筑物的几何结构，包括建筑物的立面、门和窗。

大小与比例 研究建筑物内部的尺度与比例，以及它与周围区域的关系。

节奏 寻找重复之处、装饰细节或任何具有动感以及节奏感的线条。

质地 研究材料的运用，以及材料之间的对比。

光线和阴影 它们会提升或改变设计要素，因此可以寻找其中蕴含的惊喜。

颜色 研究颜色的运用以及它对于建筑内部的影响。

建筑物是多种元素的组合，其物质关系、结构以及形状之间的联系可能十分复杂，让人第一眼看上去难以理解。建筑物的外观可能会引发人们对于其内部结构的疑问。具有强表现力的建筑正面会体现建筑的设计语言，从而体现其内部空间的设计。进行实地考察时，主要途径就是观察。

列一份问题清单进行学习任务拆解，将对建筑特点及建筑细节的观察分解为易于完成的阶段性任务。不论你是选择研究哥特式教堂或古典庙宇之类的历史建筑，还是研究发电厂或办公大楼之类的现代建筑设计，你的研究都应借助问题清单的提示，以激发设计创意。

图样及简图 ↓

　　简图运用纯粹的视觉语言传达理念。右下图中，建筑要素以箭头串联，描述一个空间历程。左下图中，简单的绘画线条反映了场地内部的视角。逐渐减小的角度和平面构成了白色实体和黑色空间之间的对比。

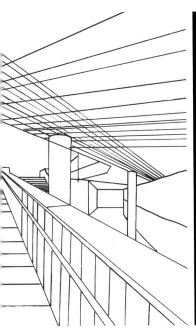
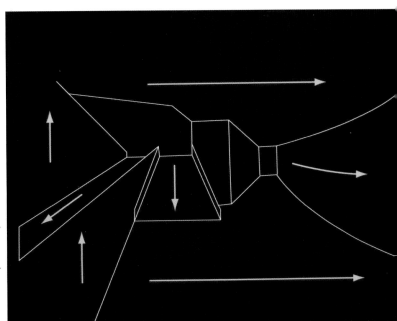

观察式绘画 ↓

　　可以将熟悉的街景作为学习观察和绘画技能的起点。

研究实例
测试与完成

拼图和日式细木工制品

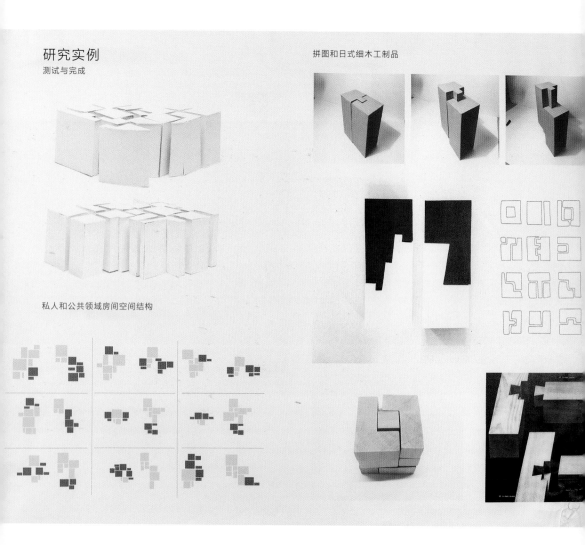

私人和公共领域房间空间结构

二维到三维 ↑

将简图变成实体模型是构建原始创意的一个好方法。将二维图片变成三维模型会帮助你理解你所制的图的物理特性和空间关系。该阶段在设计过程中被称作"测试"阶段。

第 2 节

建立速写本

本节目标

· 学会在速写本上开发创意
· 学会分阶段开展研究
· 学会核对不同信息

速写本既是一本个人独特的日记，也是你的创意和思维过程的存档，价值重大。它记录了你的工作过程，使你在思考和阐述理念时能够集结重要的具有影响力的事物和参考信息。本节将会阐明使用速写本的重要性——它不是一种正式演示工具，而是一个工作本，能够助你边学习边进步。

在探索阶段，速写本至关重要，里面记录了你的最初想法，使得你在准备简案时有所参考，并帮助你想出设计创意，记录启发、激励你的事物。因此速写本是整个项目中的个人日记，记录了设计步骤。这些原始创意就是你的出发点，也可能在设计过程的某阶段发挥最大效用。速写本上的涂涂写写并没有规则，没有"对"与"错"。一开始不能太过挑剔，要让情绪自由翱翔。不必担心犯错，这样你学到的东西，会让你大吃一惊。

使用速写本

在设计过程中，速写本可以用来测试设想、制定流程和方案、记录研究数据和做出设计选择，这些都是速写本非常实用的功能。你可以收集参考影像、文章、设计案例分析和照片，将它们按照时间顺序记录在速写本中，如此便可建立自己的工作方式。要养成做笔记的习惯，做笔记能促进你多角度利用参考资料。一旦你的研究对创意产生影响，那么你的产出将更具有主动性和前瞻性。

如何速写 ←

为了实现速写本的效用最大化，你可以采取不同的方式记录。你要具有冒险精神，不必被束缚——速写本只体现了工作过程，并不是最终产品。

速写存档 ↓

在每个项目中，你都可以使用速写本，根据研究所得，进行设计基准和视觉表象的修正。这将帮你记录相关理念，推进设计过程并改进设计本身。

空间图和草图

一直保持涂涂画画的习惯可以帮助你根据任务要求或设计讨论改进原始设计创意。比如，利用空间图探索内心的想法。这对催生创意非常有效，也能为构建模型草样做好准备。

参考资料

将参考资料详细地记下来，并将其纳入你自己的笔记。针对某个特定的参考资料，你可能萌生自己的想法。在解决设计问题或同相关材料互动时，建立模型或策略的方法有效、可行。

图解说明

认真研究影像资料能够激发创意。越早画出设计基调能帮助你越早在设计过程中做出决定。寻找资料间的外在联系时，你可以用已找到的图片，也可以自己制作拼贴画。有些视觉例子能够体现你想要传达的特质，这些可以使你保持创造力。

设计标准

不久后，你就能建立自己的一套设计标准。这些重要的想法和特质是设计过程的基础。试着在做设计选择时强调这套标准，这会让你将关键的想法置于首位，并使你沿着正确的道路向前走。

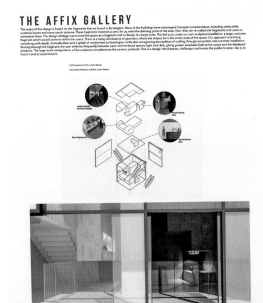

从简单到复杂 ↑

通过对外形的增删修改，你可以组装、提炼各种元素。一个创意的出现，从简单到复杂，其中有无限可能。

魔方 →

一个已完工的结构可以重新组装成不同的形态。这些试验可以作为计划新设计或构建新概念的出发点。

设计失误

　　试验和犯错是找寻答案的最佳方法。犯错时不必沮丧——记住：有冒险精神，才有创新能力。一次幸运的发现或愉快的失误，能让你明白问题也可以带来新的收获。

图片透视 ↓

　　将镜头设置成透视模式，调整到视平线高度找到灭点（vanishing point），这样有助于增强照片的心理冲击力，使观者体验到图片的空间感。

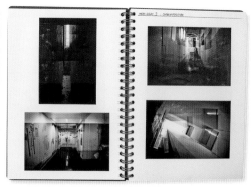

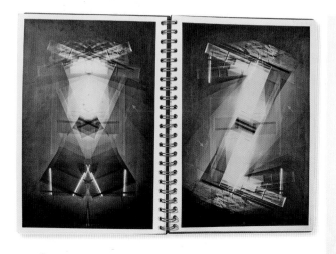

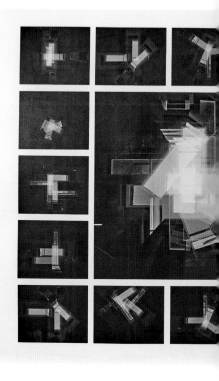

图片蒙太奇 ↑→

　　将照片层层叠放，开始剪辑，启发创意，营造基调，增加空间感。编辑后的照片立即显示了所用材料和光的关系。

专题研究

将第一节所做的研究汇编在一起，包括照片、绘画和笔记。利用速写本整合资料，你现在可以开始实地考察和建筑研究了。

过程

你所做的调查只是走进设计过程的起始阶段。通过学习建筑的设计，你现在可以回到最初，找到创意或理念的精髓所在。既然现在你有了充足的资料，那么你就可以进入设计过程了。

第一步

选择最能传达实地考察感觉的绘画和草图。而后通过研究交叉部分，思考你观察到的关系组合：各种材料交汇的方式，门、窗、阶梯等结构元素的规划格局等。将绘画资料复印出来，放大细节部分，这些片段可以概括整个创意。

第二步

做几何拆分，直到所有绘画资料只剩下线条或平面，再将细节和片段重新组合形成新图。按照这种方式对图片进行解构，用铅笔描出形状，从中提炼创意想法，将画放大，而后按照材质、质感和颜色进行拼贴。设计思维要大胆，试着采用尽可能多的材料去描绘形状、外形和质感。

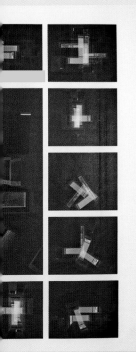

运用模型 ↓

建筑物的正面被解构后，重新组合成了一系列前卫大胆的空间几何体。通过一系列迭代的模型草样来探索每一次改变。随着时间变化，连续摄影记录了不同的光照条件。

第 3 节
构建模型草样

本节目标

· 了解如何为一种空间观念建模
· 使用一系列材料
· 使用一系列建模器材

如果能将想法建成模型，你就能真正看清自己的设计方案。材料、光线和纹理能让你的想法瞬间变得鲜活，使你有机会去探索和反思关键的设计元素。模型草样能有效实现设计方案的表达性、创造性及研发性。通过使用简单的技术、基本的建模工具和廉价的材料，你可以重新创建一个空间概念，从而缩放空间，体验在室内的感觉。在本节中，我们将介绍构建模型草样的基本技巧，以帮助你形成空间概念。

基本工具 ↓

切割垫、美工刀和刻刀是基本的模型制作工具。多预备一些刀片以替换变钝的旧刀片。

使用模型可以助你深入了解材料的特性。不管你的设计要用到硬质或软质、曲面或角形材料，你都将了解如何在制作过程中实现设计理念。模型草样可以让你快速建立设计意图，使想法成为选择媒介的核心。在此阶段，完美的装饰或逼真的模型并不重要，更重要的是以模型为工具，搜寻无限的可能性，并发现如何在空间上发展创意。模型草样的形式，可以较为松散，不必太确定。你可以畅享实现灵感的过程，试验不同材料并享受探索无数可能性的乐趣。

工具器材

在开始制作模型草样之前，你需要准备合适的工具。正确使用工具可以保障安全、避免伤害，同时创建有效的模型。

刀具 对于重型切割，你需要一把美工刀。美工刀的金属手柄很坚固，可确保切割厚板或坚硬板时的安全性。使用直刀片切割纸板、泡沫板、木材和金属板，使用特殊的塑料切割刀片进行刻划，还可以用它切割丙烯酸树脂和塑料。刻刀锋利且轻量，精确度高，适用于切割曲面材料和刻划细节。

切割垫 切割垫上可以放置所有需要切割的材料。在保护桌面的同时，又能保障切割安全。

直尺与刀口角尺 钢尺在使用之前，最好先贴上一层防护胶带，这有助于防止在切割时尺子滑脱。T形刀口角尺主要用于直角切割和水平模型的精确装配。

胶水和大头针 白色聚乙烯醇胶（PVA glue）用于黏合大多数纸张和卡片边缘。这种胶水干得快而且粘得牢，非常好用。要将木材固定在一起，可使用聚乙烯醇胶或丙烯酸黏固剂（balsa cement）。要将丙烯酸塑料固定在一起，请使用专门的丙烯酸溶剂。当拼接难以黏合的材料（例如金属）时，热胶枪虽不太洁净却非常有用，尽管它仅适用于构建模型草样，不适用于最终的演示模型。喷涂胶适用于固定建筑用纸，但要确保在通风良好的区域使用，以免人体吸入过量。在胶水凝固后，可使用大头针辅助组装速成卡片模型或支撑接头。

直尺和刀口角尺是帮助调整和对齐的工具，胶水和大头针则用于模型细节的连接和构建。

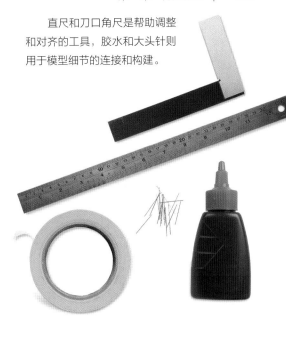

查看模型草样 ↓

四张照片显示了该模型的不同视图。模型图像在黑色背景上重建其雕塑轮廓的同时，描绘着每个视图的运动轨迹。

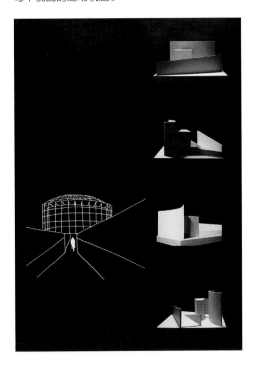

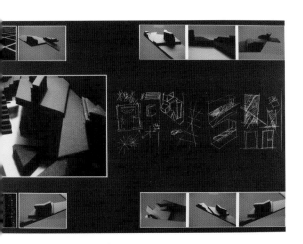

建筑边角 ↑

一系列模型草样围绕建筑边角开发和构建创意。最初，模型是由几个部分组成的，而后将它们组合在一起形成最终的模型。草图和模型的照片共同展示了设计过程。

展示过程 →↓

　　模型草样可以按顺序呈现，以方便传达概念发展的过程。

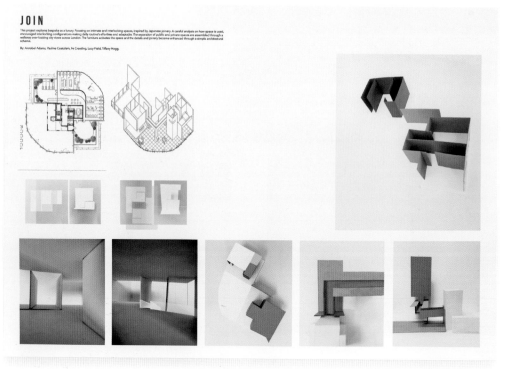

材料

大多数模型都可以使用普通材料制作，从纸张到厚重卡片均可，除此之外，模型还可以使用其他多种材料进行试验，并将你的想法发挥到极致。建模是深入了解基本施工技术的绝佳方式。

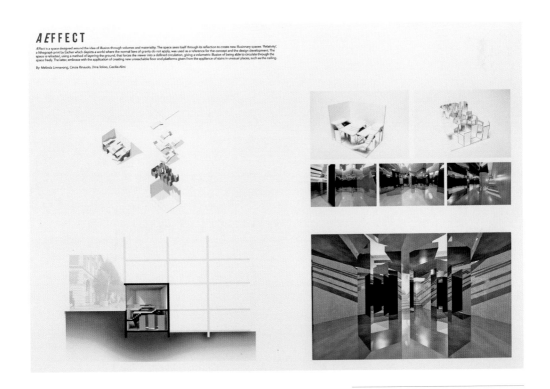

模型演示 ↑

三维图可以展示整体设计，并与模型照片一起呈现出空间感。

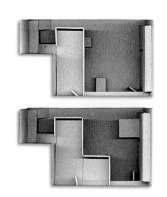

模型制作 ↑

在制作模型时进行拍照，记录每个步骤。

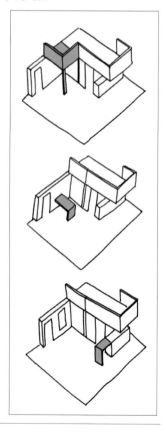

突出特色 ↑

给草图的不同元素上色可以突出需要强调的模型的特色。

专题研究

使用第 2 节讲到的，你记录在速写本中的素材，从建筑研究中选择建筑的一部分，研究并确定这部分由何种材料建成。尝试选择一种与该建筑部分透露的属性和品质呼应的材料。右图所示的光影图则是受了走道的启发。模型中使用的材料体现了明暗对比。

过程

至于建筑结构，你可以使用卡片、泡沫板、电线、描图纸、金属板、丙烯酸塑料或轻木。请试着用扭转、滚动、撕扯、刻痕或折叠卡片等不同方法来创建交叉点与平面。对于相对明确的交叉点，使用胶水将两种材料粘到一起，不要忘记考虑绘图的比例，保持这些比例一致，可以呼应材料之间的关系。制作三四个模型草样，全部用来探索一个建筑部分。试着通过测试各项属性——材料、颜色、纹理和效果，来区分这些模型。

第一步

    选择一种最符合你创意的材料，想想如何用它构建建筑部分的主干。先从做一个简易的初成品开始。

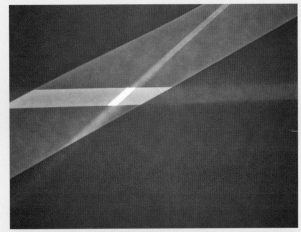

第二步

    应用其他材质和纹理的材料来搭建这个结构。这些元素可以是附加、覆盖或嵌入到结构中的元素，具体取决于你希望探索的关系和想要表达的细节。

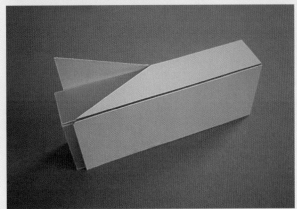

第三步

    分析成果。空间模型是否清晰地捕捉到你最初想要的建筑部分？通过修改、调整可以改进的元素，在已达到预期效果的基础上继续修正。

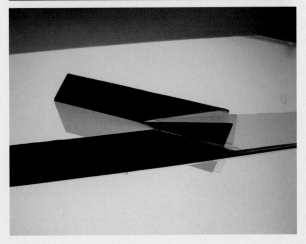

第4节

构建创意

本节目标

· 学会发掘原始创意（initial idea）并形成概念版
· 建立对设计标准的理解
· 在二维和三维空间内探索思维交融的方法

万事开头难——摆在面前的可能和选择这么多，要如何从中做出选择呢？关键第一步是要享受无限可能，并在这个过程中得到启发。要保持心态开放，不急于对设计下结论。可选择的材料越多，做出选择的过程便会越有趣。在本节，你将学会如何收集原始创意，以协助你制作概念版。

构建创意

兴趣范围一旦建立，你就要着眼于一些特定的想法，在此阶段，要把目光从整体转向部分。首先要校对视觉参照，做好笔记，准备一个速写本以记录整个过程——这个笔记本将有巨大参考价值，在之后的设计发展阶段大有帮助。其次则是分析手中的资源——有何问题、有何用途？质量如何，又是如何构成？它们是实体的还是概念性的？是空间的还是历史的？

你的创意可以在一系列的模型草样上进行测验。要记住的是，这些想法不旨在有用——模型草样只是将某一概念呈现在空间中，就像空间图一样，把这个概念从二维空间中移除。在此阶段，你需要质疑并解构创意、修改工作简案、用空间模型进行创意测试、设想重要的设计标准及准备替代方案。

创意发掘

灵感从无边界，来源多种多样。一幅画、一幅书法、一件物品、一张图片或一段勾起回忆的旧时光，都能成为创意的源泉。在此阶段，需要保持整个过程开放，并且思维要尽可能富有创造力。这就意味着要迅速行动、思维主动，并言简意赅地记录最初反应。当处于项目的概念层阶段时，你可以自由表达，而不用聚焦在某个特定的元素或细节上。这个操作方法更有统筹性，你的设计理念更具整体性，可催生一个整体方案。在此阶段，你需要收集信息、识别兴趣点、发掘创意、展开调查并思考工作简案。

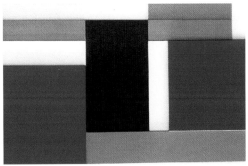

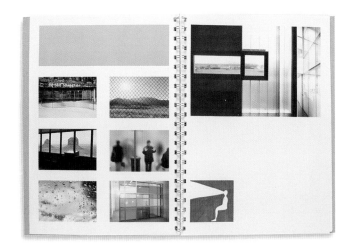

基本模型 ↑

一幅风景画（左上图）催生了原始创意，将风景画抽象成一系列水平和垂直分布的平面（右上图）以探索空间几何结构。

考察环境 ←

学习视图和全景，以构建和探索使用者与其周围环境的关系。

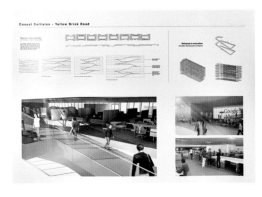
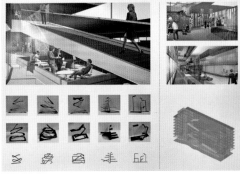

设计理念 ↑

通过简化某物的结构以描述视觉思维，可以作为创意交融的一种方式。设计者常常使用简图来作示意图。为了强调可能而非强调结果，用抽象的方式阐述理念，此举颇具颠覆传统的意味。

制作概念版

一旦速写本上都写满了创意，且建立了模型草样，便可向客户展示项目第一阶段的成果了。演示时应体现出职业标准，工作要干脆利落，模型要保存好好。就传达整体创意和介绍设计理念而言，概念版不失为一种良方。你可以将草图、照片和实地考察记录，连同预期设计提案一起汇编成螺旋装订文件。在此阶段，你首先要做出设计选择，即使这些不是最终选择，还会在项目后期阶段进一步调整和改变；其次要专注于完善需要演示的创意，展示原始的设计决定，并通过在概念版上阐述重要理念进而提出最初设计提案。

专题研究

首先选择 5 个词语，要确保你对这五个词语有足够的兴趣，查出它们在字典里的真实含义并记录在项目笔记本里，或许这些能在头脑风暴中对你有所帮助。思考这五个词语还会带来什么其他创意，要特别关注它们的衍生含义。

过程

收集可以代表这五个词语的图片。你要根据词语的特征——是具体的还是抽象的、关于建筑的还是环境的、阐释性的还是参考性的，对图片进行分类。通过选择你想探索的创意，对图片进行解构，将这些图片作为构建模型草样的来源。使用你选择的图片和对应的词语，制作一个 C 型纸大小（432 毫米 × 559 毫米）或国际 A2 型纸大小（420 毫米 × 594 毫米）的概念版。

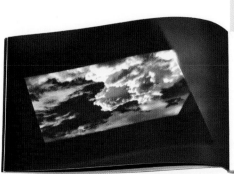

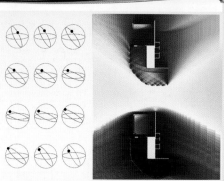

讲述故事 ←↑

一张绝美图片就能捕获一段经历中的非凡力量，以影片的方式播放图片，观看者可以以全景视角领略风景，进而感受设计概念的精髓。

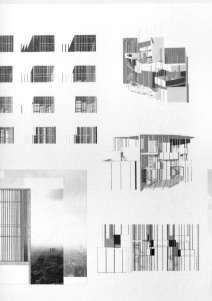

概念版 ←

概念版 ←

解释某个概念，最好通过清晰、直接的意象。在这个项目中，光和方向对室内方案至关重要，通过光学研究、简图和全景图，这两个概念得到明确阐述。

第一步

开始头脑风暴。迅速、主动地回应所选词语激发的任何联想和创意，其中有一些特征很明显，也有一些特征难以被发现。用简洁清晰的蜘蛛网图记录这些特征，你可以发现这些文字和创意是以何种方式相关相连的。

第二步

使用具体图片定义文字。尝试在视觉层面上传达、展示这些文字，这包括了在头脑风暴过程中出现的和那些你认为对原始创意的扩展和具化有重要作用的任何文字。

第三步

将最终选择的文字和图片在概念版上并排放置。思考图片和文字之间的关系，使演示效率达到最高。在进行粘贴之前，可以先研究图片的分类和排列组合。一旦获得满意的组合，就用喷雾胶粘好所有材料，完成概念版。

第四步

向朋友或同事展示概念版，并请他们提出意见。这样便可评估概念版的效率，因此这一步骤非常重要。你要做好时时刻刻接受建设性批评意见的准备，这是提高实践能力的重要阶段。

案例分析1：城市公寓

工作简案

打造客床

预算: 少（房主为职工夫妻,喜欢招待客人）

建筑结构和室内设计: 杰克逊·英戈汉姆
建筑公司

狭小拥挤的城市1居室摇身变成宜居宜娱的1.5居室。

这个案例很简单：主人想要打造一张客床。然而在40平方米的居室里，这一改造根本不需什么计划，需要的是想象力。利用室内3.5米高的天花板，拆除现有的隔墙，居室的动线空间、光感、容积就能最大化，空间感应运而生。再利用垂直的空间，在中央嵌入一个盒形体，隔开了就寝和洗漱的区域，并生成了空间动线的新模式。

从前看，从凸窗直接照射进来的光可以射到客厅、厨房和动线区域。在后侧的卧室可以俯瞰欣赏一楼的花园和院子。为避免封闭又能利用垂直空间，厨房则设计成了实用、开放的廊式厨房，并将其隐藏在移动门之后。这堵门墙之后，是整间居室的储存区域。对于此类型的小公寓而言，整合式储存是其一大特点，既可避免视觉混乱，又可最小量使用家具。

这个盒形体置于中央，方便两边出入，尽管居室面积小，但也营造出了流动感和空间感。

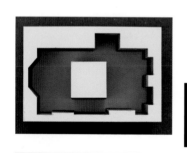

中心要点 ↑

盒形体是此设计的重点，它隔离了私密的洗漱区，而该结构的顶端则提供了开放的平台供就寝，并能俯瞰整个房间。整个空间色调限于中密度纤维板的灰色和大理石的暗色，通过壁挂画和其他物件引入别的颜色，将空间打造得更灵动，更具有生机。

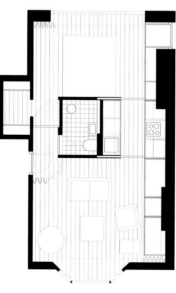

方案 ← ↑

该方案展示了对公寓室内设计现状的改造，将受限的一居室改造成了以盒形体分隔开的前后两个空间。空间中设计了相互连接的动线区域，生活服务和设施均变得实用有效。

全景图 ↑

　　这间公寓的关键视图照片呈现给我们明朗的氛围和空间的高度。
整体室内装潢给人的直观感觉强调了开放性和空间感。

案例分析 2：从室内走向室外

工作简案

打造一处"小餐馆"风格的，且门朝花园的空间

预算： 少（房主为职工夫妻，均喜欢 20 世纪 30～50 年代的室内装潢和建筑风格）

设计： 布鲁克·菲德豪斯协会

从室内设计到室外设计的路常常要跨过一道门槛，设计师不能掉以轻心。至关重要的一点是，不论何种设计方案，都要考虑室内室外完美融合、室内设计如何呼应室外环境。在本案例分析中，花园景色在延伸设计中举足轻重，如此，便在家中打造了一处新的生活空间。

特色设计

住宅设计往往需要从客户的生活方式和文化志趣中汲取灵感。19 世纪风格联排别墅中的厨房延伸就是出发点。客户非常想通过连接厨房和花园的就餐区，从而营造一种"小餐馆"风格的就餐棚。设计者可借助具有历史感的艺术装饰，建立流线型结构。采用钢架结构的弯曲玻璃窗户，打造环形结构，这就形成了室内座位区的基础，同时使建筑的外貌同室外现有的植物保持和谐。

建筑设计

这处微型建筑物有个铜质屋顶，随着时间的流逝，它暗棕色的表面会生锈变成亮绿色。受气候影响，屋顶本身就成为花园里的另一处自然元素，愈加映衬出植物生长的繁茂。

屋顶的铜质材料为花园添加了自然质感，它与植物和谐统一，引发人对户外休闲的向往。

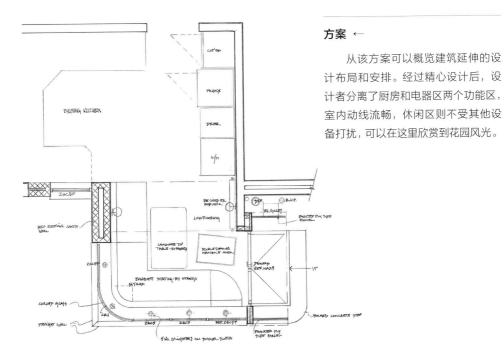

方案 ←

　　从该方案可以概览建筑延伸的设计布局和安排。经过精心设计后，设计者分离了厨房和电器区两个功能区，室内动线流畅，休闲区则不受其他设备打扰，可以在这里欣赏到花园风光。

　　近看，凸窗的弧度体现了诸多设计细节，更好地强化了该环形结构。

室内家具

采用干净的曲线和亚光颜色使得建筑内外呼应。定做的长条形软座和凸窗形状一致，最大限度地扩大了用餐空间。材料的角色也不容忽视，柔软的皮质家具保证了舒适性，铝质细节与皮质家具形成对比，并强化了光线。

最大的进光量，连通了花园与室内空间，使得光、景成为该处空间的绝佳特色。

定做的长条形软座参照了艺术装饰风格，包裹的皮质为亚光，软座呈弯曲状、流线型。

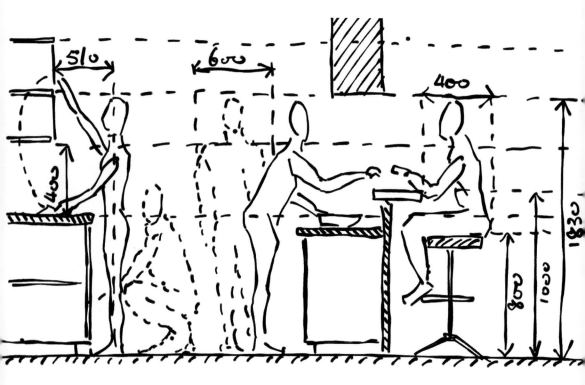

第二章

设计实现

　　设计实现也是设计过程的一部分，本章将介绍手绘图和正投影图的基本绘制技巧，还会教授如何在最初实地考察时记录信息，如何将手绘图演变成技术构造的平面图、剖面图和室内三维空间图。从技术工具到绘画工具，在本章的设计准则中，你学到的技能，将对设计方案的推进有所帮助。

　　本章涵盖的设计核心技能包括计算、制比例图、调整比率、技术制图、演示和沟通技巧。

第5节

绘画材料

本节目标

· 介绍一些绘画材料
· 介绍一系列制图技巧
· 形成对设计图的认识

绘画是设计过程中至关重要的一部分。的确，在学习数字化技能之前，室内设计师需要使用模拟技术进行绘画，一套好的制图工具能帮助你更好地传达出设计细节。

粗芯自动铅笔

由于此类铅笔可以画出不同宽度的线条，因此使用时需要更多的技巧和经验。笔芯一定要削尖，使笔尖形状保持长长的圆锥形。你可以通过练习一边画线一边转笔来画出高质量的线条，请牢记画线时要从下往上或从左往右画，绝对不要从上往下画线，这样很容易会因用力过大而损坏笔芯和纸张。

用绘图工具来制作设计图并且传达设计图背后的理念时，不论采用铅笔还是墨水笔绘图，你都需要运用一系列制图技巧，用于体现材质的软硬和构造，或是仅仅体现屋顶的倾斜度或楼梯的角度。

自动铅笔

此类铅笔用于绘制连续线条，因此无须削尖。若想画更粗的线条，可以来回多画几次，或者根据具体情况，使用直径 0.3 毫米、0.7 毫米或 0.9 毫米的笔芯，画出不同粗细的线条。较于其他铅笔，自动铅笔容易控制，因此使用起来也是最简单的。

木制铅笔

绘制草图、手绘图或平面布局图，一般使用普通木制铅笔就够了。笔芯硬度有别。4H 和 2H 的铅笔的笔芯较硬，容易控制，

自动铅笔

粗芯自动铅笔

可以用于绘制硬朗且精确的线条。通用的铅笔芯硬度为 F 或 H，用于已完成的图纸、精确布局图和刻字。至于 HB 这样的软铅笔，则用于绘制粗犷的线条，但也难以控制。

木制铅笔

针管笔

使用针管笔画出的线条准确无误，粗细分明。针管笔最精细的部分是它的管状金属笔头，用来控制墨水的流出。与自动铅笔类似，针管笔的笔芯粗细也有多种规格，有 0.18 毫米、0.25 毫米、0.35 毫米和 0.5 毫米的。使用时请保证从左往右、从上至下画线，墨水可边画边干。不用时，请保持笔头朝上放置。

橡皮

备好一套橡皮，既能擦掉铅笔迹，也能擦掉墨水。白色橡皮用以擦除铅笔痕迹，而油灰则用来整理表面。大面积的墨水痕迹可先用擦字胶擦，再用刻刀轻轻刮除。

橡皮

清除盾和小刷子

清除盾可以帮助你更加精确地涂擦，还能保护图画的其他地方不被橡皮污染或损坏。擦除线条时要使用软橡皮，擦完后用小刷子扫去碎屑，以保持图画表面干净整洁。

针管笔

清除盾

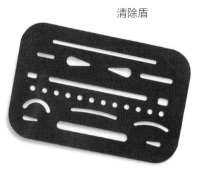

画板

为了保证精确度，即绘图时精确绘制线条和角度，技术制图都是在画板上完成的，平行尺上下平移，可以保证水平线的平行。请定时用温和的表面清洁剂或打火机油清洁画板和平行尺。

圆模板和圆规

圆模板对于绘制小型或中等的圆圈、弧度或圆角非常有效。圆规则可用于绘制大圆圈，并可辅助油墨绘图。

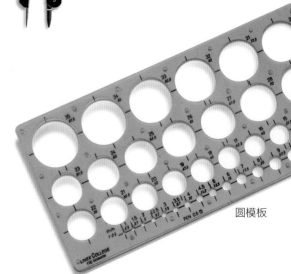

圆规

纸

印刷眷写纸用于绘制草图、平面图、规划图和记录测量笔记。相对于描图纸而言，眷写纸是较为实惠的替代品，它透明度好，方便叠加绘图。描图纸只能用于绘制最终示意图。

圆模板

纸

比例尺

　　比例尺能帮你将实际大小转换成各种比例。最常用的比例有1：5、1：10、1：20、1：50和1：100。所有测量单位应为毫米和米。

比例尺

可调节三角板

　　可调节三角板可用于绘制所有90°的角，也能画出其他角度的斜面。一件长300毫米，并且有斜切边的大三角板非常实用。请勿用其切割东西，否则容易损坏三角板，清洁时使用打火机油。

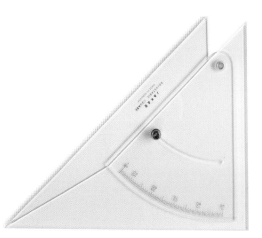

可调节三角板

曲线板和挠性曲线板

　　对于更复杂的曲线和有机造型而言，可以用丙烯酸塑料材质的曲线板或由橡胶制成的挠性曲线板完成。它们还能协助你绘制更大的构件，如曲壁或流线型家具。

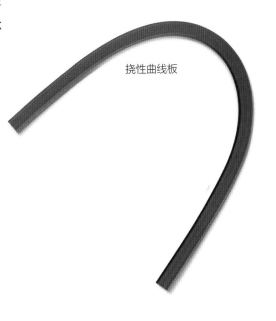

挠性曲线板

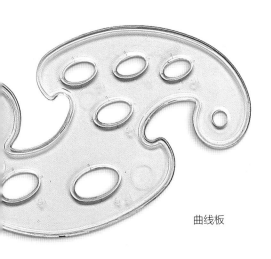

曲线板

第6节

人体尺度

本节目标
· 介绍比例、比率准则
· 介绍人体工学原则
· 理解设计数据的重要性

美感来源于人体。人体尺度对设计影响很大，由于所有的设计都是为了满足一定的需求，因此它们都具有某种目的或意图。人体尺度往往能决定我们在室内空间的感受和反应。本节着重介绍影响设计决定的原则的重要性。人体工学、比例和比率是学习建筑和室内设计的重要知识点。

比例

量度是非常抽象的，实际生活中，我们很少需要对比长、宽、高。我们可能不知道，一般来说当我们双臂展开时，从一只手的指尖到另一只手的指尖的距离，和我们的身高大致相同。的确，有时我们将身高的优势与某些事物联系在一起。大空间、大型的物体或高大的人有时会让人自身产生渺小与畏惧之感。这种去人性化或心生敬畏的感觉对建筑设计产生重要影响，比如教堂、塔楼、摩天大楼和购物中心。这些考虑到人体尺度的设计，有的是为了展示权力、强调权威，有的只是为了给人留下印象。我们如何看待这些特性，也取决于我们是否认为比例应与周围环境相协调，也就是说，只要感觉对了，我们可能不会在乎大小。于是，设计师可能想打破常规，借助比例改变行为。

日常比例 ↓

环境中的所有物体都可作为识别比例的工具。电线杆、建筑物和人让我们理解何为尺度、比例和比率。

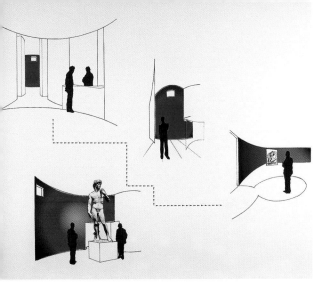

室内展览 ←

展览馆是公共的室内空间，设计展览区要考虑展品和展览空间的比例和动线。至关重要的是，让观众既能远观又能近赏到展品。

空间里的人 ↓

非静态图片展示了室内人的移动和动线情况。设计功能区时要考虑运动这个维度。

比率

数学和几何方法使得设计师可以考虑事物的理想比率。调整比率远远不止实现某种功能或出于技术考虑，而是为了达到和谐、平衡或统一。一套比率系统可以建立一套连续的视觉参照。如此，比例本身已经不重要了，重要的是物体在整体环境中所占的比率。我们常常在与其他事物的关联中感受着事物，无论是颜色、质地、材料、形状或形态会对我们感知比率大有用处。因为比率让我们能享受或质疑实际关系和物质关系。建立这些关系可以形成明显的对比，也可以体现细微的差别。

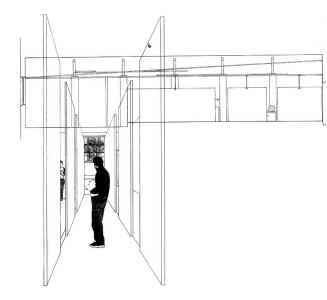

使用人像 ↑

在二维平面图中插入人物，就变成了三维空间图。如此一来，图中不仅体现了比例和比率，也能通过区别前后端，呈现出纵深感。

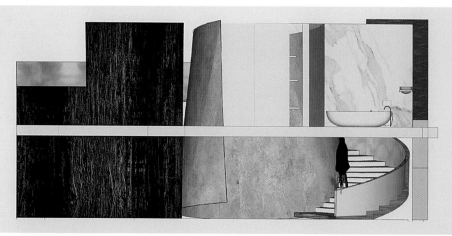

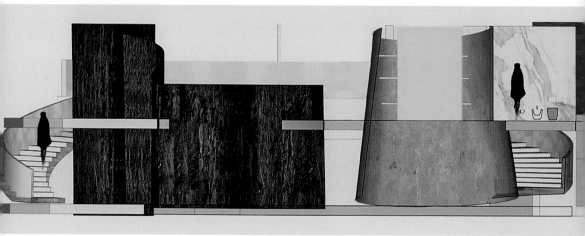

人像模型 ↑

在设计模型中使用人物模型来加强设计的真实感。在室内图放入人像后，整个设计变得十分真实。

人体尺度

人体可以被看成一件简单的框架，由一系列基本的比例组成。人体可以七等分，头部占总身高七分之一。尽管具体数值因人而异，但当人站立时视平线高度约为1500毫米。一旦比率系统应用于室内设计，这会使理解或想象视觉体验的过程更清晰明了。

若设计方案中考虑了视平线这个因素，则该设计便能通过所呈现的场景，将我们与周围环境联系在一起。另一方面，一套控制视野的设计方案将促使我们展望，培养我们的好奇心。不论我们是静止的、移动的、坐着的或站立的，设计都应考虑到进行每一个活动时的舒适性和设计成果的实用度。

专题研究

好的设计都是私人化的。使用二次挪用的方法，一件现有的物品通过再设计就能别出心裁地被赋予全新的定义和用途。将一些椅子重新组合，便能创造出摇椅和凳桌这样的家具，用途广泛。

你可以仔细观察家中或工作环境中的两个符合人体工学的物品来测试你对好坏设计的理解。分别选择一个你认为好的设计和坏的设计。

过程

给出你认为这两个设计好坏的评判理由。列出这两件物品在功能上失败或成功的原因、改进的措施和应该或不应该包括的特点。作为渴望成为设计师的你，应该对设计的好坏有自己想法——如此便能在工作过程中检验你自己的设计标准。

人体工学

当某件物品符合人体工学时，则这件物品功能良好，并可以在实际环境中给人们以舒适的使用体验。每件为人类设计的实用物品都应体现人体工学。对于所有为人所用的设计品，设计师应该考虑其便捷性、实用性和舒适性，以满足需求、功能或任务。

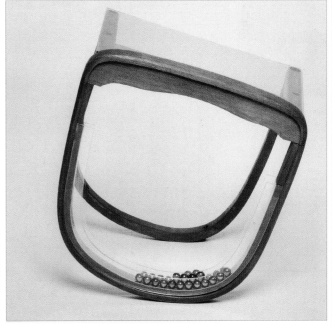

第 **7** 节

建筑制图惯例

本节目标

· 明白如何看懂不同的建筑图纸
· 明白制图惯例的使用
· 学会技术制图

设计师和建筑师都使用视觉语言来传达理念。就像其他语言一样，建筑图纸也需要遵循惯例——通过图纸的形式高效地表达理念。技术制图既需要传达设计理念，也需要构造设计。本节将介绍技术制图的基本原则，以保证绘制的图纸可向客户展示。

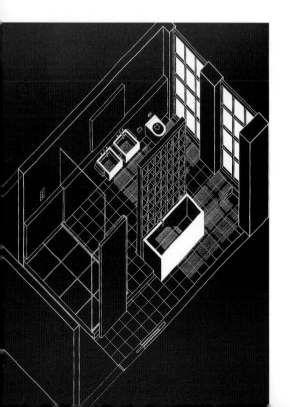

技术制图

建筑图纸强调空间的形式和定义。图纸的图示可以是二维的也可以是三维的。但平面图、剖面图和立面图均为二维图，三种图纸结合即为众所周知的正投影图。每种视图展示了我们对整体空间的想象，同时保持维度的比例和比率不变。平面图让我们从顶端一览建筑全景，立面图让我们站在地平面认识建筑外围，而剖面图则让我们走进空间内部观察建筑构造。这三种图纸的重要性在于它们能以正交序列的方式呈现信息。于是，当成套展示时，这些图纸就能为观众展示诸多层次的信息，从而让人们对设计方案有整体的理解。

三维图纸由轴测图、正等轴测图、透视图组成。由于这三种图纸让我们可以从长、宽、高三个维度观察，因此更加贴合实际（参见第 66 页）。

轴测图 ←

左边的黑白轴测图让我们注意到光源的使用。地板上密密麻麻的线条，正好描绘了自然光如何被运用于洗漱和沐浴等日常生活活动。

剖面图和立面图

剖面图和立面图展示的是建筑物的垂直视野。立面图用于展示建筑物外表，因此不会把建筑从中间剖开。门、窗、柱、拱都能在立面图中一一展现。而剖面图则将建筑垂直剖开，移除了表面，通过一个切面便让我们了解建筑内部。剖面图可长可短，这取决于切面是正切面还是侧切面。画剖面图时，一般会选择展示室内最重要的部分，这就意味着剖面图要传达尽可能多的信息，以展示任何高度上的变化、双倍挑高空间或楼梯。剖面图直接在平面图的基础上绘制，使用浅色的作图线标出长、宽、高。剖切符号在平面图外注明，并用箭头表示切面位置和视图方向。绘图惯例要求用最粗的实线画出所有切面线，直接体现切点。尽管你需要画出切点之后的所有室内视图，但切面以外的部分需用浅色细线条标出，以赋予图纸纵深感。

剖面图 ↓

剖面图对于表现建筑特色特别重要。此剖面图绘制的是一个屋顶结构。

平面图

在垂直高度距地面约1200毫米处将建筑物拦腰切开，并将顶端移除，就可以得到建筑物的横向视图，这就是平面图。平面图旨在展示建筑物的内部构造和布局。切割高度因情况而异，具体看需要涵盖哪些重要信息，比如门、窗、墙、楼梯的位置，结构墙、立柱墙、窗框和窗台的厚度。平面图还应体现切面以上的其他重要建筑特色。结构梁、夹层或天窗应用虚线标出，以表明它们在顶层高度和切面之上。

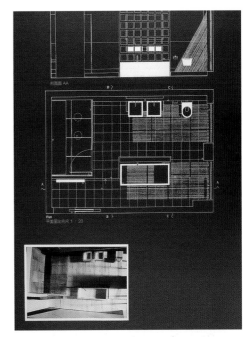

平面图和剖面图 ↑

平面图和与其对应的剖面图一同呈现，展示了建筑内部的空间图和俯视图。一张比例模型图展示了该设计方案在构造和选材方面的高质量，明暗对比非常妥当。

比例

　　比例其实就是大小。大部分技术制图都是按照一定比例绘制的，因此土地、建筑和其他物体便大幅缩小，而非以真实大小呈现。如此才能将设计图呈现于一纸之上。最常使用的比例有 1：20、1：50 和 1：100。若按照 1：20 的比例绘制室内图纸，物体则只有实际大小的二十分之一，也就是实际空间大小是图纸上所呈现空间的 20 倍大。随着绘图比例变大，图纸上的细节也就越多。在比例为 1：100 的图纸中，图纸上的 1 厘米在实际中为 1 米。比例尺条用于注明绘制图纸时采用的比例尺。若图纸是影印版，或者需要按照指定大小而非指定比例尺绘图时，比例尺条格外有用。使用何种比例尺条因人而异，这取决于你喜欢图示风格还是偏爱绘画风格。

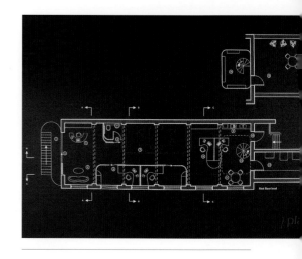

剖切符号 ↑

　　剖切符号注明了室内空间最重要的部分，并用箭头表明所选方向，且将其标注在平面图之外。

强调特点 ↓

　　如果设计项目是成套交易，便需要绘制一系列技术图纸，以更好地按正交序列展示设计方案。这张计算机生成的图片体现了"坐"这一重要特点，而这一特点正是本室内设计方案的核心设计理念。

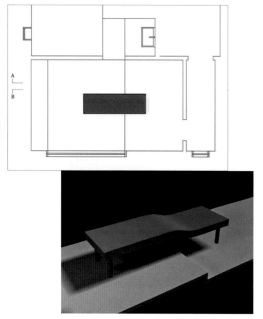

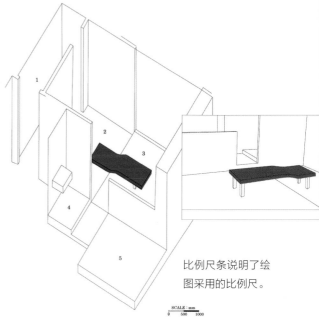

比例尺条说明了绘图采用的比例尺。

SCALE : mm
0　　500　　1000

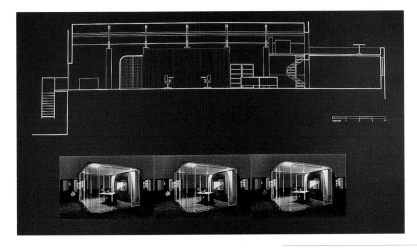

长剖面图 ↑

　　长剖面图描绘了建筑的长度。剖面图是空间上的平面图，当和其他视图或模型一起展示时，可以使人对设计方案有整体的理解。

尺寸线与剖切符号

　　这些线条应使用专业技术制图工具绘制，以保证清晰、连贯。图示类型根据图纸和图纸风格而变。所有尺寸线和剖切符号应与图纸内容明显区分以避免混淆。

线宽

　　不同的构件采用的线宽也不一样，比如剖面节点、结构性和非结构性构件、家具和其他细节。非常粗的线（0.5毫米、0.7毫米、0.8毫米和1.0毫米）代表了室内空间轮廓、结构、剖面节点的轮廓。作图线越粗，空间轮廓线和家具、细节线之间的对比就越明显。如此，图纸便有了纵深感。

　　如果剖面图中涵盖的细节很多，如檐口或其他建筑细节，你就需要控制你的线宽。若使用粗线条绘制一份详细纵断面图，则图纸会看起来非常紧凑，但会遗漏许多细节。线宽的原则由剖切面的位置决定。越远离剖切面的位置，使用的线条越要细。瓷砖、地板这样的细节离剖切面非常远，因此要用极细的笔（0.1毫米、0.18毫米）来勾勒，以突出距离。家具等非结构构件则应用中等粗线（0.25毫米、0.35毫米）绘制，以同细枝末节和粗线轮廓相区分。

门窗

　　门、窗的绘制方法不尽相同。平面图上如果需要画门，画出门的开合方向非常重要，因此要画成90°开门的状态。窗户是画在剖切面上的，其位置要比窗台高，因此画窗台的线要比画窗框的线细。

三维图和屋顶平面图 →

　　三维图描绘了建筑外观，旁边附带屋顶俯视图。

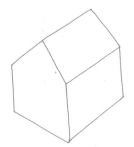

横向剖面图 →

　　将建筑物拦腰切开，就能得到室内的横向剖面图。

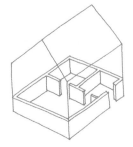
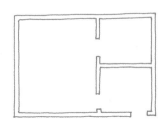

立面图和剖面图 →

　　将立面图竖向切开，就能得到室内的竖向剖面图。

剖视图 →

　　剖视图区分了被切开的部分和剩下的部分。因此有些构件会体现在剖面图中，另一些远离切线的构件则会留在立面图中。

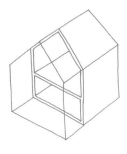

第 8 节

勘测与手绘

本节目标
· 明确开展勘测的惯例
· 介绍空间勘测的方法
· 学会绘制室内空间的精确手绘图

勘测时要测量并记录加工绘制实测图所需的信息。无论是单独勘测厨房还是整座建筑,程序都是一样的。通过敏锐的观察,你就能得到绘制精确手绘图时需要的信息。本节将分步骤带领你勘测空间,同时学习手绘技巧。

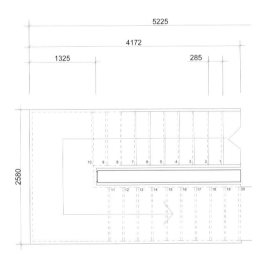

比例图 ↑

当按比例绘制一段楼梯时,你将会学到基本设计原则,例如两段楼梯之间过渡平台的宽度至少要与楼梯梯段同宽。

勘测空间时首先要确保你有标准的工具。你需要一个 30 米长的长卷尺、一个口袋大小的便携式卷尺、一根折叠杆、一个量坡度和角度的木工尺、一个 A3 大小的牛皮纸记事本、一支铅笔和一部照相机。

第一步

收集所有能找到的图纸或图片。若需要勘测的场地很大,你可以向当地规划局索要已有的图纸,或者向房屋主人借用旧图纸,也可以在国家或当地档案馆中搜索历史记录。这些信息对你非常有帮助,但也还是要进行实地考察,以确保所获图纸的精确性。

第二步

安排实地考察。请提前确认你能进入建筑物内部进行勘测。这将会为你节省时间,避免等你到达场地时产生不必要的延迟。请确保你有充足的时间进行勘测——至少半天——这样就避免了时间有限还要来回跑的情况。

第三步

决定你要如何勘测并建立计划。在正式开始实地勘测时,请花些时间走走看看,观察建筑物的大小、形状和空间比率,并记录所有可能阻碍测量的因素,如大型机器或家具。如果无法在第一次勘测中得到所有数据,则还要进行第二次勘测。

第四步

准备手绘。开始动用卷尺测量之前,你需要一套比例匀称的手绘平面图和剖面图来记录勘测数据。首先丈步测距,大致建立长宽比。画出导线,忽视所有细节。接着,丈步测量窗户、门、壁炉、橱柜、阶梯、暖气片等其他构件。

现在,加粗先前画的导线,将其他组成构件画在相应的位置,这样便得到了草图。用虚线画出如房梁等屋顶上的所有重要信息——绘图惯例要求用长虚线绘制剖面节点以上的物体,用短虚线绘制剖面节点以下或隐藏在平面图后的物体。请仔细观察所有建造结构,并弄清哪些是承重墙,哪些只是隔墙,将所有屋顶房梁和承重墙投影联系起来。请注明地板方向,并在平面图上用罗盘或地图指明北面。这一点在思考光线对空间的影响时非常重要。

若你要勘测的楼层不止一层,那你必须要注明空间或房间之间是如何相互联系的,以及每层之间又是如何相连的。请在第一层的平面图上铺一张硫酸纸作为引导,再绘制上下楼层的构造。大多数情况下,如墙、窗和楼梯等主要结构构件的大小和位置都能还原在图纸上,这些细节绝对不能靠猜,必须通过仔细测量反复检查。画剖面图时,想象中的剖切线应该是包含建筑信息最多的地方。在绘图最后阶段,请牢牢记住用箭头标出剖切线位置。

第五步

在开始测量前,先用尺寸线标记图纸,这样可以节省时间,并确保建立所需尺度,尽可能将尺寸线画在平面图外,测量环绕尺度时采用顺时针方向。

第六步

测量最好由两人完成，以保证精确度和实用度，一人拿住卷尺零刻度端并记录测量数据，另一人则负责拉卷尺、看数据、报数据，请多次测量以保证精确。

主要尺度是环绕尺度，这些是线性尺度，一般以一个房间的角落为起点，一直延伸至另一个角落。这样就能知道每面墙的总长度，而不仅仅是简单数值相加，这样做可以避免出错。使用折尺测量墙壁上的隐藏凹陷处，如用袖珍折尺测量窗口内的具体面积。在测量细小位置之前，先采用绕线的方式确定门窗和主要结构，如砖墩、壁炉的相对位置。

如果房间不是方的，则需要采用对角线测量法，从而确立墙的角度。在手绘平面图中测量数据与对角线相向记录。请记住，在图纸上标注测量数据时要非常小心。采用公制度量衡时请使用毫米或米，不要用厘米。记得标注环绕尺度的开始和结尾。

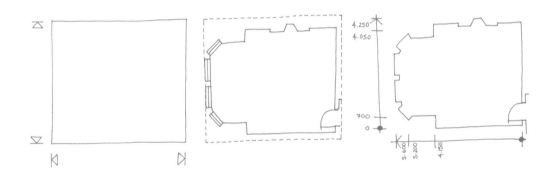

绘制手绘平面图 ↑

丈步测量空间大小，绘制手绘草图，勾勒出所有构件的大体轮廓，直到得到精确的平面图。勘测空间时平面图可用来标注所有环绕尺度。

第9节

技术制图

本节目标

· 介绍建筑制图方法
· 介绍、延伸技术制图技巧
· 介绍比例和比率的使用

技术制图初看比较复杂，但了解图纸起草的主要原则后，你就能更加熟悉绘制精确技术设计图的技能。接下来的内容介绍了起草平面图的步骤。

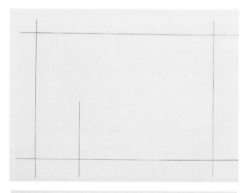

平面图 ↑

完工的平面图精确表达了该区域测量数据，并体现了空间布局。

第一步 →

将描图纸放置于画板上，用胶带固定四角。用细铅笔线勾勒出大致轮廓，同时画出室内所有墙的位置。横线用平行尺绘制，竖线用三角板的直角边绘制，并与横线保持垂直。请在描图纸中间作画，以留出足够空间添加其他信息，比如标注、标题、比例尺、图例等。

线宽

0.13 毫米

0.18 毫米

0.25 毫米

0.35 毫米

0.50 毫米

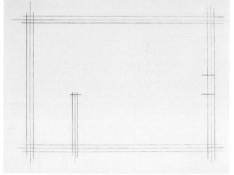

第二步 →

在细线作图的基础上使用粗线表示墙和柱子等主要结构构件的位置和厚度。

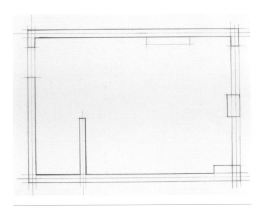

第三步 ↑

刻画出所有主要构件的位置，如门道、窗、壁炉、楼梯。这种宽度的线代表被切割贯穿的部分。

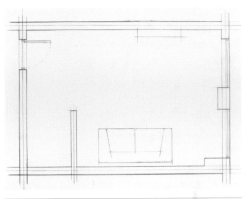

第四步 ↑

使用中等粗线绘制非结构构件，如门、楼梯踏步板和家具。最细的线条用于勾勒细节，如瓷砖、地板、玻璃和门的弧度。

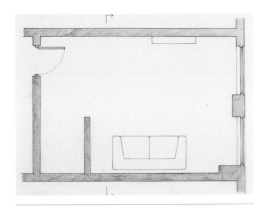

第五步 ↑

用铅笔完成预备图纸后，就在上面铺一层描图纸，用相应粗细的墨笔描绘，形成终稿。为了形成对比，用纯色填充墙体，这样一来看图纸的人就能立即产生画面感。

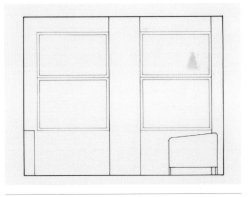

第六步 ↑

利用平面图，投射长、宽、高，以此起草剖面图。参考勘测笔记，添加垂直数据，完成剖面图制作。纵向剖面图和横向剖面图的线宽原理相同。

第 10 节

制作演示模型

本节目标

· 介绍模型制作技巧
· 理解重要的建筑原则
· 学会制作演示模型

演示模型是向潜在客户展示最终设计方案的绝佳方式，既有解释的作用，也能吸引客户。不管是什么样的设计方案，使用最简单的工具和材料，你都能通过制作专业的模型来展示你的设计理念。本节将会带领你分步骤学习制作演示模型，讲授重要的建筑原则，并为制作出达到逼真质感和表面效果的模型而提出好的建议。

模型好用的理由千千万万。模型草样使得设计师用材料和形状探索创意，萌生更多创意，或者只是测试设计方案的可行性。毫无疑问，演示模型是向客户展示最终设计方案的最有效方法。

准备

制作演示模型前，你需要准备两张比例图纸——平面图、剖面图各一张——作为模型的主要尺度依据。基本工具和第 3 节制作模型草样的工具相同。包括锋利的工具刀（薄的，不是厚的）、塑料切割刀、刻刀、刀口角尺（100 毫米）、钢尺。黏合剂的选择依所粘材料而异，边、面之间

的黏合使用聚乙烯醇胶或丙烯酸黏固剂；面与面之间的黏合使用不可反复粘贴的喷胶、双面胶或冲击黏合剂。

颜色、质感和光泽

比例模型显示了实际效果的远景模式。相较于近距离观看，远看时会导致深颜色更深，浅颜色更浅，这就叫作空间透视。制作模型时，请牢记在模型上使用比实际更浅的颜色，选择有颜色的材料，不要自己上色。市面上不同颜色、质感、光泽的卡纸种类繁多，完全可以从中找到一种能代表你想使用材质的卡纸。另外，你也可以选择自己用水彩颜料上色，自己制作不同颜色的卡纸。

立体空间 ↑

本模型的水泥元素在整洁的聚丙烯基座内体现得淋漓尽致，彰显了画廊室内的悬浮感。

至于墙面，光滑的石灰墙可以用光面卡纸、泡沫板或光面彩色纸表示。至于粗糙的石灰墙，可以用质感丰富的水彩画纸表示。若想要营造砖头的感觉，则可以在纸上用比实际砖头颜色更浅的白色或奶白色横线表示，每条横线之间按比例间隔75毫米。瓷砖可以通过使用钝头剪、用完的圆珠笔或调色刀按常规网格的形状在卡片上划出线条。

至于彩色瓷砖，可以使用彩色铅笔轻轻在白色卡纸上涂抹，网格线可涂上白色勾缝剂。营造水泥或石头效果则非常简单，可以用白色或浅色水粉画颜料为轻木上色——请记住在轻木背后刷一层水，否则轻木可能发生卷曲。木制效果是比较难模仿的，然而，轻木和桦木的纹理足以代替其他木材，还能薄涂一层水彩颜料加深木头颜色，但切勿涂得太厚，否则由于吸收得不好，颜料滴下来会污染模型的其他部分。

地板

整座模型最好建立在固定的平基座上。总体而言，中等密度纤维板是最稳定的材料。不像卡纸、泡沫板或胶合板，中等密度纤维板可以保持模型稳定，不会歪歪扭扭。若模型面积为300平方毫米，则中等密度纤维板厚度应为6毫米；同样的，若模型面积为600平方毫米，中密度纤维板厚度应为12毫米。在制作模型其他部分之前，需为基座铺上一层能体现地板最佳光泽的材料。纸的大小应微微大于基座的

尺度。基座表面和纸面均需均匀地喷上喷胶，左手将纸的一条边与基座一条边对齐，右手对齐另一边，而后用左手轻轻抚平表面，直到完全黏合，挤出所有空气。接下来用锋利的刻刀切去多余的边。至于木地板，则可以在基座表面粘一层薄木片以营造木质光泽，使用强力胶，例如冲击胶合剂，以保证位置契合。请确保在基座表面和木片表面都喷上了胶并等到喷胶半干时再进行下一步，此时基座面和木片表面就会在压力之下黏合。对于面与面之间的黏合，这种强力胶非常好用，但由于会产生石油蒸汽，所以要小心使用，保证周围空气流通。

平面图

至于平面图，你可以使用锋利的刻刀把平面图直接刻到基座上，或极其小心地用尺子丈量平面图上的各种尺度，用虚线或点标示在基座上。由于图纸和模型之间会有细微偏差，因此请不要直接在板上画线。

尺度最大化 ↑

模型使图纸更形象生动，成了向客户展示的核心方式。

地板模型 ←

　　将能体现地板光泽的材料覆盖在基座面上。

贴合表面 ←

　　在表面喷上喷胶，先对齐一端，再来回轻抚，挤出空气。

墙

　　请保证使用的材料便于剪切、固定、黏合。卡纸、泡沫板、轻木和亚克力板都符合这些条件。请勿使用金属、硬木、石膏或石块，这些材料极难处理，在模型中看起来也格格不入。可以使用有颜色或有纹理的纸来体现这些材质。用喷胶在卡纸上或泡沫板上贴上一层颜色或纹理相似的纸，就成了模型中的墙。测量墙壁长、高时，可以使用刀口角尺对照图纸数据，除去材料的边边角角，便可保证数据的精确。比起每次都用尺子测量，这个方法更好，保证了尺度和角度两者的精确。

耦合

　　把墙壁连接在一起时，可以使用隐藏式搭板对接方式，这种方式在泡沫板上可以轻易实现。按长边切割好墙壁之后，利用泡沫板的厚度将刀口角尺往后移，用食指按住刻刀外侧以控制切割深度。切割纸和塑料泡沫上表面时要小心，注意不要划破纸的下表面。利用闲置泡沫板的边缘，将沾在刻刀上的纸和泡沫清理干净。使用闲置塑料板的一边扫去沾在纸下表面的残留物。

1. 准备材料 ↑

　　首先在表面贴上颜色或质感与所选用的材料相似的纸。

2. 切割耦合 ↑

　　小心切割纸和泡沫板的上表面，用食指按住刻刀外侧以控制切割深度。

3. 制作槽口 ↑

　　清除卡纸或泡沫板碎屑残留，为隐藏式搭板对接准备槽口。

4. ~ 5. 黏合 ←

　　抹上少量胶水，并清理胶水残留。

曲壁

　　准备卡纸或泡沫板，轻刮曲面外壁的表皮，这样墙就能弯曲了。用食指按住刻刀一侧，刻一些等距的平行横条。请注意不要穿透纸的另一面。用刻刀轻轻刮过每个横条，保证所有横条一样深。轻轻掰开横条，塑料板或卡纸便可轻易弯曲了，然后就可以在曲壁上贴纸，用喷胶固定了。

切割曲壁 ↓

　　用食指按住刻刀刀刃，刻一些等距的切线。现在，就可轻易弯曲卡纸或泡沫板了。

搭建

现在便可以准备从下往上搭建模型了。最好是在基座中一面一面搭墙，而不是搭好墙之后再移入基座中。给第一面墙涂好聚乙烯醇胶水之后，用刀口角尺固定墙的位置，确保墙是垂直放置的。保证下一面墙放置的角度正确，在这面墙上抹上胶水，使用刀口角尺保证墙面垂直，将其与第一面墙、地面固定。重复步骤直至所有墙搭建完成。

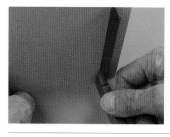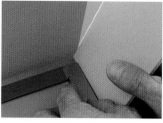

1. 制作槽口 ↑

直接在基座上搭建模型，抹好胶水后，使用刀口角尺固定墙面。然后搭下一面墙，保证两面墙之间的角度正确。

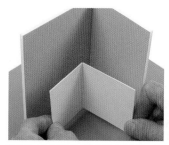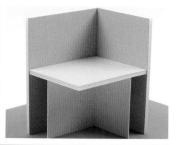

2. 搭上一楼层 ↑

在天花板高度搭建地板。剪一块完全符合天花板高度的卡纸，折叠并垂直放置。这样便可支撑上一层地板。在相应位置使用聚乙烯醇胶水，黏合后便可移除上一步的地板支撑物。

窗户

制作窗户需要在墙上打洞。用 5H 的铅笔在墙上轻轻绘出窗户的尺度。从一个角开始沿着一条边裁，但无须完全裁断。在窗户每边重复该动作，这样可以保证不会裁过头。接着再从没裁断的角开始裁，最后完成窗户形状。

若要将"窗玻璃"嵌入卡纸或泡沫板中，就要保证裁出的窗户与"玻璃"大小完全一致。在模型中为窗户装"玻璃"最好的办法是采用"三明治搭建法"（sandwich construction）。首先，选择窗户材料，可以是醋酸纤维板或 1 毫米厚的亚克力板，接着按墙面大小裁剪窗户材料，而后再按窗户大小裁剪内外墙面。最后用双面胶将整个"三明治"结构黏合在一起。

1.制作窗户 ↑

制作内墙和外墙，将醋酸纤维板或亚克力板裁剪成与墙同大。

2.组装窗户 ↑

使用双面胶组装。将每一面墙与醋酸纤维板或亚克力板黏合。窗户制作完成。

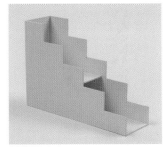

楼梯

一旦模型涉及了楼梯（参见第 7 节"建筑制图惯例"），则要制作一个简单精确的夹具，夹具由一组串接物组成，用小块卡纸将它们隔开。这样就组成了一段简易的楼梯结构。在等待胶水凝固或胶水流到中央柱时，夹具可临时支撑悬臂梯。这个简单的方法可以用于制作任何类型的楼梯模型。

1.制作一个简单精确的夹具，夹具由一组串接物组成。

2.安好立板。

3.安装踏步板。

4.楼梯完成。

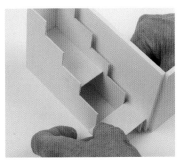

5.若要制作悬臂梯，在等待胶水凝固期间请使用夹具固定楼梯。

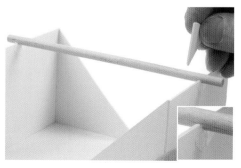

螺旋梯

采用以下方法便可轻轻松松做出带中央柱的螺旋梯。首先在卡纸上画出楼梯平面图，把安装中心柱的位置剪出来，但别在柱子上打洞。用卡纸制作一个夹具水平支撑中心柱。在中心柱上一层一层往上粘踏步板。请将踏步板剪成鸟嘴形，以便使其更好地贴合在中心柱上。粘踏步板时请小心，保持中心柱的平衡。使用丙烯酸黏固剂黏合，能加快凝固。每粘好一块踏步板，便旋转中心柱再接着下一步。

1. 将踏步板的尖部剪成鸟嘴形，以便更好地贴合在中心柱上。

2. 将中心柱水平放在夹具上，用双面胶将其固定，在中心柱上将踏步板一层一层往上粘。

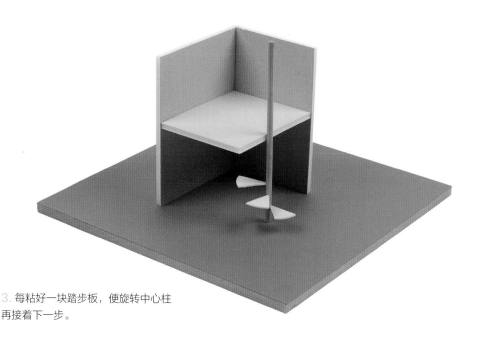

3. 每粘好一块踏步板，便旋转中心柱再接着下一步。

三维曲面

球体和三维曲面很难制作，因此最好买一些已经成形的形状。在模型制作行业里有这样的专供商，你也可以在专业工坊付费定制。或者也可以自己动手用石膏做一个实心体，再在上面刷上隔离剂（如肥皂），最后将泡在胶水中的纸巾贴于表面。你也可以使用玻璃纤维增强树脂。

树木、石头和水

树木可以通过缠绕金属线表现，用从花农手中获得的软木制作悬崖和石头特别逼真。蜡光纸、清漆或亚克力板等任何光面物体都能呈现水的效果，材料的颜色越深，反射得越明显。请记住，除非天气非常晴朗，否则水很少是蓝色的。

模型拍照

请记住多给模型拍照。这是一个展示图纸的绝佳机会，并且作为存档能在模型老化或损坏时提供参考。请记住最逼真的视图是站立时视平线所见之景。拍照片时以模型为参照，将视平线降低到适合位置，模拟人体与实际建筑的比例关系。观察日间和夜间自然光和人造光在模型内部的作用效果。拍照时使用不同的镜头，营造多种广角效果，每次照相时要尝试不同的构图，以拍出创意十足的照片。对于对比度较高的图片，请使用黑白效果，并小心控制灯光。对于写实照片，请使用光线自然的彩色效果。

第 11 节

轴测图和透视图

本节目标

· 学习如何绘制三维图纸
· 学习如何遵守制图惯例
· 学习如何绘制技术设计图

三维图纸本质上就是室内的真实展示，因此它可以让我们在纸上高效地构建出空间，让我们更好地理解既定场地的空间特质。本节将介绍绘制三维图纸的步骤，利用三维图纸作为进一步理解空间设计的有效工具。

轴测图

轴测图集平面图、剖面图和剖视图于一体，用处很大。轴测图与俯视模型图类似，因此通过轴测图可以对整个设计方案一览无余。轴测图易于绘制，可以使用精确的平面图透视每个点，直至指定高度。长、宽、高等信息均可以从完工的剖面图和平面图中获得。绘制轴测图的角度可以不同，有 45°、45°，也有 60°、30°，或者横向 90°。不论从哪个角度绘图，长与宽永远呈 90°。

被分解的部分，要用虚线表示该部分的移动和原来的位置——移动要在轴的方向上下或左右进行。

完整展示 →

这张零售店分解图同设计参照、图片和二维图纸一同展出，向客户强调了设计理念。

轴测图可以用渲染的方式强调效果。彩色元素表示不同材质之间的关系，体现了室内空间的分区。

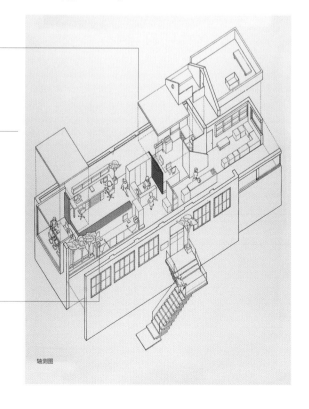

轴测图

第一步：起草轴测图。

接着第 9 节的平面图，开始分解轴测图。将平面图放置在画板上，保证图纸两边与画板底边保持 45°放置。现在将图纸放置于画板上，使用胶带固定四角到画板上。接着在图纸上铺上一层描图纸，保证内容画于图纸中间。这样就可以着手绘制轴测图了。

第二步：透视高度。

先顺时针画出三条主轴，再开始绘制轴测图。继续描绘地板线条，按照使用的比例尺开始透视绘制墙高，使用三角板绘制所有竖线，使其与横线保持垂直，使用平行尺绘制所有横线。为保证精确，绘制图纸时要从上往下或从左往右绘制线条。

第三步：墨笔描绘。

一旦完成了轴测图铅笔稿，就可以在铅笔稿上铺上一层描图纸，然后用墨笔描绘。用墨笔画图是技术活儿，需要很多耐心。用墨笔画图时请勿着急，为避免形成污迹，并留出时间让墨水边画边干，描图时请确保按照从上往下、从左往右的方向。为画好图纸细节，你可以像画剖面图和平面图时一样，使用不同的线宽表示不同的细节（参见第 7 节"建筑制图惯例"）。

传达效果 ↓

一张效果好的轴测图可以展现并传达出设计方案的空间特点，体现总体室内布局，并且能表现各种材料的用途和室内的灯光效果。

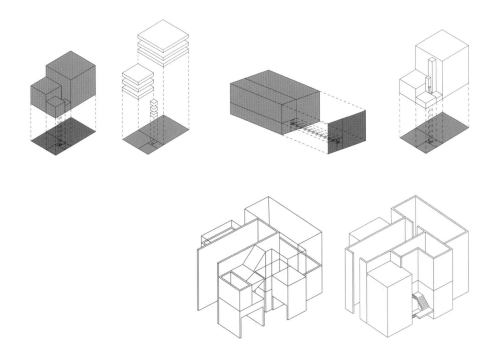

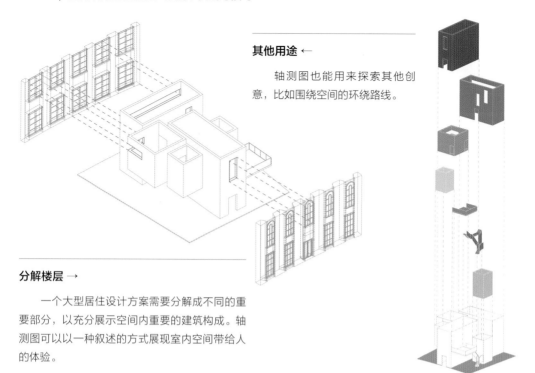

其他用途 ←

　　轴测图也能用来探索其他创意，比如围绕空间的环绕路线。

分解楼层 →

　　一个大型居住设计方案需要分解成不同的重要部分，以充分展示空间内重要的建筑构成。轴测图可以以一种叙述的方式展现室内空间带给人的体验。

透视图

　　就三维图纸而言，透视图为我们提供了最写实的视图，我们置身室内，图纸上所画之景便是我们实际所见之景。透视图基于我们采用的视角，选择室内的某个位置，用某个视平线高度环顾四周而呈现出来。因此，透视图的基本原则建立于观看者(绘图者)在室内的位置和视平线的高度。

　　第一步：起草透视图。

　　将剖面图和选好的立面图置于画板之上，两图之间要留出足够的空间用于绘制透视图。在平面图和立面图上铺上一张描图纸，在立面图上进行描绘，接着就可以着手绘制透视图了。

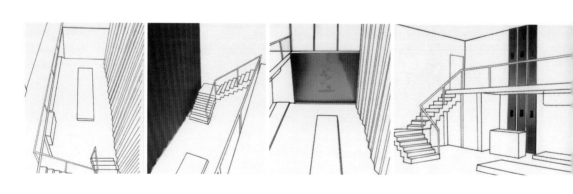

第二步：视平线高度。

一般可以选择站立时视平高度为 1.5 米，但也可以选择任何高度，这取决于你想画的内容。在绘制透视图时，你若想体现更多关于该楼层的内容，视平线高度需要更高。若想体现更多天花板的内容，则可以采用坐下时的视平线高度。

第三步：观看者（绘图者）。

当绘制室内透视图时，视角的选择可以是室内的一边，也可以是中间或另一边。你所选择的位置就叫视点。视点决定了你在透视图中体现的内容，在平面图上开始绘制，将视平线延伸穿过立面图。从视点往外延伸的这条视平线可以标出灭点。

第四步：视锥。

视锥就是眼睛所见范围。因此，检查观看者位置是否正确很重要。观看者视锥一般为 60°，在平面图上视平线的两侧各画一个 30° 角。视锥范围内所有内容均要体现在透视图中，任何超出视锥范围的内容都可省去。

在另一张描图纸上画一条垂线。在这条线的两侧各画一个 30° 角。对准视平线，将描图纸放置于平面图上。如果你愿意，也可以将此线延伸到平面图之外，但视锥必须包括你希望体现在透视图中的所有内容。当决定透视图中要画的内容时，请在平面图中标出视点。从灭点出发，向立面图的每个角落各画条直线，形成透视图中的天花板、墙壁和地板。接着就可以画透视图中的其他物体了。

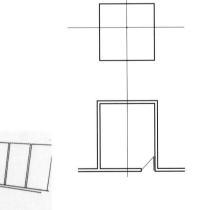

立面图 ←

视平线高度采用的是理想高度。从视点往外延伸的这条视平线可以标出灭点。

平面图 ←

从平面图的视点出发，一条中线穿过平面图和立面图，标出了灭点。

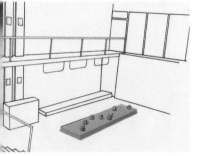

透视图 ←

一套透视图可以展现室内空间不同视角的视图，给人一种高度翻倍的感觉。

第五步：绘制物件。

要绘制一个物件，首先要知道它的宽度、高度和深度。物件的宽度可以直接从平面图中复制到立面图的底部。将立面图底部的这些点和灭点相连，投射至透视图中，便成了透视图中该物件的宽。

在立面图中按比例绘制高度有以下两种方法：以物件宽度为参考点，向上投射高度，将高度与灭点相连，再将其投射到透视图中。或者，你可以利用立面图右手边的角作为高度线，沿着这条线按比例测量该物件的高度，并将其与灭点相连。沿着透视图侧壁，将物件高度投射至透视图中。不管采用何种方法，宽度和高度始终要与灭点相连，并投射至透视图中。

绘制一条测线就能建立物件的深度。在平面图中测量出视点和立面图墙之间的距离，将数据转移到立面图的一边，这条线就成了测线。将测线与视平线相连，就找到了测点（measuring point）。

图片 ↓

通过透视相片可以准确地定位灭点的实际位置。

视锥 ←

在平面图上视平线的两侧各画一个 30°角。视锥范围所见之景便是透视图所画之景。

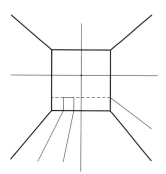

物件的宽度可以从平面图中复制到立面图的底部。将立面图底部的这些点和灭点相连，投射至透视图中。

使用宽度提供的参考点，或者利用立面图为高度线，按比例绘制出高度。

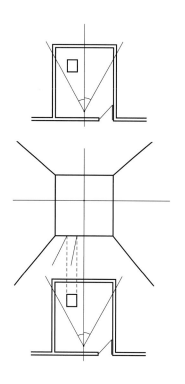

现在，请按比例测量该物件到后墙的距离。从立面图出发，将测量距离转移到测线上，标上"B"。再从测点出发作一条穿过 B 的作图线，投射至透视图的墙上，线与墙壁相遇时，再过该交汇点作一条直线，直到与宽线相遇。这样透视图中便有了宽度和深度。

第六步：添加高度。

完成透视图还需要画入高度。若你已经在立面图中用宽点标出了高度，请用高度线按照透视法原则连接物件的四个角。

若你已经用了立面图中的角作为高度线并已沿着透视图中的侧墙画出了高度，则在透视图的侧墙中过参照点作一条垂线，延长垂线直到与高度线相遇。再过该点作一条穿过透视图的横线。从透视图中的物件出发，从四个角往上画线直到与高度线相遇。连接此高度面的四个点，这样就得到了透视的物件。这种方法适用于画所有物体的透视图。

无论是简易草图还是精确实测图，绘制任何透视图时都要遵循总体原则。任何物件或空间都可以按照以下方法处理。

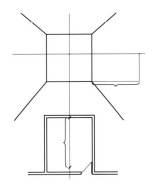

距离 ↑

将物件和后墙之间的距离转移到测线上。

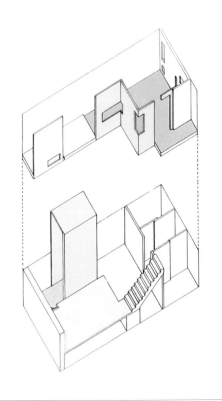

视觉辅助 ↑

轴测图的作用本质上和模型类似，向我们展示了不寻常的俯视空间视图。和二维图纸一起展示时，轴测图是非常重要的视觉辅助，突出了线条图纸的实体特色。

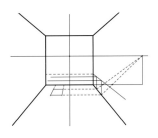

作图线 ↑

从测点出发延长到透视图的作图线体现了宽度和深度。

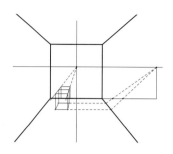

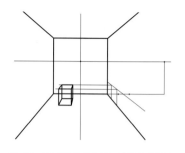

高度、宽度、深度 ↑

灭点用于连接高度，测点体现了物体的宽度和深度。

透视图终图 ↑

按透视法原则用高度线连接该物件四个角，完成透视图。

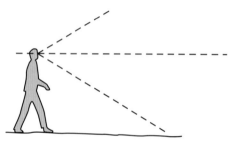

视锥 ←

视锥是物体变形前视线所见范围。此图说明了人站立时的视锥。

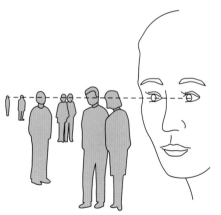

站立视平线 ←

当人站立时，不管位置在图纸的前端还是后端，视平线都是稳定的，眼睛处于同一水平线，就像晾衣绳一样。

就座视平线 ←

当人坐下时，视平线变得更低，因此可以看见更多靠近天花板的东西。当视平线和视点相连时，这在透视原则中便确定了灭点。所有物体向无限空间缩小。

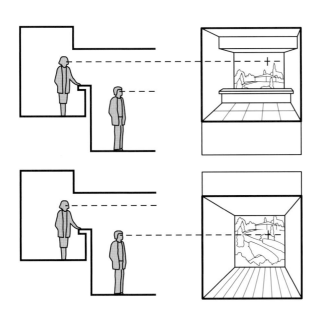

不同高度 ←

　　本图中展示了视平线高度不同得
到的视图也不一样，与标准视平线高
度形成对比。视平线高度较高时，能
看到空间里更高的部分。采用标准视
平线高度时，能看到更多靠近地面的
部分。

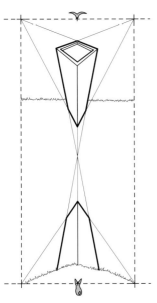

俯视图 ←

　　在透视原则中，物体可以向上消
失也能向下消失。此图展示了一座建
筑从鸟的视角（从上）看到的视图（俯
视图）和从兔子的视角（从下）看到
的视图（仰视图）。

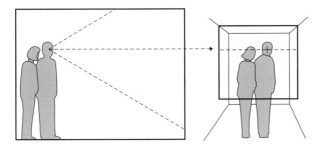

视线 ←

　　视锥打开时，视线一直延伸至
灭点。

第12节
计算机辅助设计

本节目标
· 介绍 CAD 的基本原则
· 理解 CAD 的使用环境
· 理解 CAD 在设计过程中的用途

计算机辅助设计（CAD）既能用于绘制建筑图纸，也能用于在设计过程中发展创意。CAD 的使用范围广泛，用途多样，不管是创意的构想阶段，还是创意的发展和做模型阶段，CAD 都非常重要。尽管 CAD 软件多种多样，但本节所介绍的基本原则和概念适用于任何 CAD 软件。本节还将探讨计算机，作为进一步促进你完成并享受设计的工具的重要性。

随着科技创新，CAD 已经从简单的起草工具发展成了一项技术，通过它，设计师能够传达在设计理念早期阶段的设计想法。CAD 技术使得理论设计更靠近建筑现实，为设计师展现设计想法提供了可能，提高了个人测试形状、形态和视图的能力，因此能够反映并支持设计构思、模型设计方案，并加深设计师对建筑空间更深层次的理解。

设计师们使用 CAD 的理由不尽相同。CAD 可以用于创建、修改、分析并展示设计的可行性。计算机可以快速运行复杂的计算、加工信息和数据，并在经济、功能和环境等方面帮助设计师进行设计分析。在计算机上绘图能够节省时间，在需要修改时也能快速修改。另外，设计师可以通过计算机运用不同的技能，更加贴合思想启发的过程，看起来也更加真实。初排和运动仿真使得设计师可以感受、构想设计的重要性，同时还能向他人传达这些特性。

设计展示 ←

该数字图片来自一个家居设计方案，图片展示的是客户在室内的场景，展现了空间如何被使用。

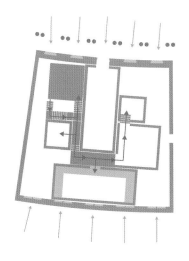
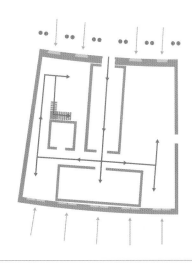

信息包 ↑

使用 CAD 绘图，设计师能够迅速作图、标注并将信息分层（layer），从而能画出多份图纸。

CAD 对象

CAD 对象可以分为两种类型。

第一种由二维对象组成，适用于绘制平面图或剖面图。线条是 CAD 系统中最基本的二维对象，其中直线是使用得最多的。直线具有的特质最多，粗细、颜色、风格均可不同，线条终点形状也不尽相同，如箭头。由于图纸中的不同线条可以表示不同层次，风格和颜色就成了体现生活服务元素或结构构件的一部分。二维图纸符号可以用于代表房间内的固定设施、配件等其他结构或非结构构件，如家具。其他构件包括弧形构件、圆形构件、多边构件、平面构件和网格。

另一种由三维对象组成，是由二维（横向）对象建成模型或压制成平面，如墙、地板或屋顶（垂直）等构件。你可以在 CAD 中自行输入长、宽、高和半径数值，便可得到许多三维立体图形；或者，你也可以不输入数据，直接使用鼠标拉伸对象，直到所绘形状达到你想要的效果。绘制透视图和轴测图时，可以用"线框"形状和线条来勾勒出表面、形状和空间高度。这些三维图纸可以在 CAD 中随意旋转，能够展示空间中不同角度的视图。

哪种程序适合你?

随着软件开发公司不断引入新特点和新程序,计算机辅助设计软件程序发展很快。大体可以将其分为两种:第一种用于专业室内设计和建筑行业,第二种适用于家庭式或小型企业。

专业程序包括了 AutoCAD(广泛用于建筑和设计行业)、MicroStation(用于建筑行业)和 Vectorworks(用于设计和工艺领域)。三维建筑软件 Revit 彻底改变了整个行业。使用 Revit 时,设计师能够在三维环境中工作,从三维模型中选取二维部分从而绘制二维图纸。另一个程序 Sketchup 也有这种功能,可以打造三维显影的基础。Sketchup Pro 也是最常用的程序之一。

对于实现大部分功能而言,专业系统太过繁杂,没有使用的必要。在搜索框输入"室内设计 CAD 软件",就能在网上找到许多如 SmartDraw 或 3Dspacer 这样简单又实惠的软件。设计师可以使用这些软件进行空间布局,从而发挥数字设计的功能。这些软件带有预先下载的房间、家具和摆件形状,可以根据所需要的尺度和规格进行调整。

提前做好调查是有好处的。可以在网上搜索软件开发公司的主页,对比了解各个程序之间性价比,看看是否符合你的要求。

终图 ↑

这些数字图片展示了室内空间的全景图，并体现了设计的现代感。

案例分析 3：灵活空间

工作简案

打通室内空间，重装客厅，在功能和实用性上营造光感和宽阔感的效果。

预算： 少（房主为自行设计装修，家庭办公者）

设计： 布鲁克·菲德豪斯协会

客厅 ↑

设计师选择了现代家具同公寓的建筑风格搭配，大量干净的线条和简单的细节避免了视觉混乱。

平面图 →

本设计方案平面图中主要的设计干预是将原本分开的两个空间合并在一起。通过注明家具、固定设施和配件的位置，此平面图说明了预期装修活动的开展方式。

什么是出色的设计？设计周详、考虑周全的设计能使环境得到改善，生活变得高效，并且满足使用者需求。想要得到出色的设计，重点是既要能满足日常需要，又要能满足光线和空间的实用性和必要性。在本案例分析中，设计师只是对现有装修进行了简单调整。该设计方案将空间视为液态、流动的原材料，突出了对空间的精巧使用。

极简风格

该两室一厅的公寓坐落在河边新开发的住宅区，以极简风格为特色，公寓中超过 15% 的空间为嵌入式储存空间，而 75% 的储存空间却是关闭的。本设计方案的首要目的是通过最大化扩大储存空间，尽可能营造灵活的空间，同时保留两间卧室。由于设计师在家办公，因此打造一间工作室成了室内重装的要点。

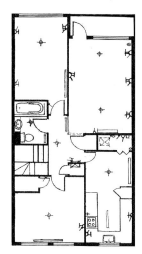

双倍扩大客厅空间，连接室内室外，折叠式玻璃嵌板让使用者得以享受阳光和风景。

该虚线围成的长方形是摆放壁床的位置，办公室同时也是第二个卧室。

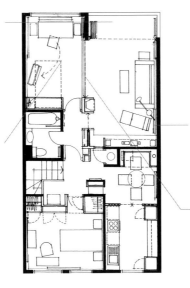

家具在室内的摆放位置兼具审美性和实用性，与室内外景色融合，最大限度保障休闲娱乐性。

该推拉隔断门将两个空间分开，一边用于白天工作，另一边可用于晚上休息。

设计特点

需要承认的很重要的一点是，对空间最杰出的改造往往不是结构上的改造。在本案例中，只是移除了第二间卧室和休息区之间的隔墙，替换成了三扇滑动门，如此，空间便宽了 6 米，组成了一个 L 形。如今，该开放式空间足以容纳一间工作室、一张折叠床和一间小餐厅。根据活动或时间所需，空间之间可以随时开放，也可以为了隐私随时关闭。

开放式空间 ↑

露台玻璃门由滑动折叠玻璃门代替，将室内空间与河边景色相连。

储存空间 →

储存空间和搁板的结合最大限度地保证了墙面和地板的干净整洁。开放式书柜可以放置经常使用的物件，至于不经常使用的（可能造成视觉混乱）则可以收纳在看不见的地方。

办公空间 ↑

一套颜色素净的设计方案使工作工具更加突出，清晰地表明了该区域的用途。

设计细节

为进一步加强光感和空间感，光线从后往前照射到墙板上，并且为了强调房屋面积，设计师将墙板抬离地面。隐藏式储存空间保证室内整洁，环境干净。设计师移除了所有中央吊灯，替换成灯光柔和的墙灯和立灯。墙和地板均为白色，可以起到在视觉上增大室内空间的效果，并且更加凸显出室内家具的摆放和不同区域的用途。

多功能空间 ←↑

极简式办公空间发挥了最大的灵活性，并且为生活和工作活动留出了不同的空间。

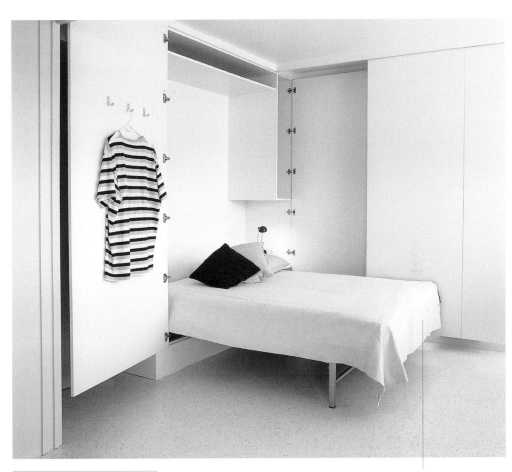

多功能区 ↑

晚上可以将该空间转换成
第二间卧室。

待客区 →

若需要招待客人，便可收
起壁床并挪开办公桌，将该区
域打造成开放式餐厅。

多功能家居，工作、生活、
娱乐，皆可使用。

对开拉门隐藏了办公储藏空间，折
叠式壁床收放自如。

案例分析 4：感官享受型室内空间

工作简案

重新设计并扩大浴室空间，从而达到极具美感的效果。

预算： 少（房主为年轻职业人士，想要打造让人眼前一亮的效果）

设计： 普鲁克特 –力豪建筑公司

实用型空间往往缺乏想象力和美感。切片式住宅（Slice House）浴室就是功能性的实用空间，同时也是家中的感官焦点。浴室长槽窗和光孔的精心定位保证了轻柔的日光照进室内，营造了一种温柔的沉浸感意境。

套间浴室

家庭空间的特点就是要比其他室内空间更私密化，设计师需要了解客户在家中的活动。我们的个人生活习惯和生活方式可以大致归纳为一系列私人但实际的活动。私人空间必须满足个人对灯光和室温的要求，同时还要有进行各种活动的物质支持。切片式住宅浴室包含了所有这些特点，不仅提供了实用的洗浴空间，同时保证身体能够在浴室得到充分休息和享受。浴室整体为一块大空间，被分成了三处不同的小区域，还配有一间由亚马孙破布木制成的更衣室。这样的布局，在一连串开放但私人的室内空间中，提供了洗浴、更衣和放松身体的区域。

设计特色 →

连续性的地板保证了空间的流动性，并将三个区域相连。独家定制的家具规定了每个区域的功能，留出了存放衣物的空间，带来了一丝暖意，为室内增添了细节美。

强调色 ↑ →

　　强调色明确了洗浴和穿衣区域。

第三章

设计项目

　　本章将带领读者深入了解设计项目的各个阶段，从提出设计理念到演示设计，再到完成设计，本章概括了到目前为止所涉及的设计过程的方方面面。

　　在完成实际设计项目的工作中需要用到许多技能，包括评估客户需求、开展实地调查、编写工作简案、调整空间现状以及空间规划与设计。本章中的设计案例分析将讲到室内设计的本质和范畴，同时强调将设计项目看成整体的重要性。

第13节

创建工作简案

本节目标

· 设计工作简案
· 建立客户信息
· 满足客户要求

按简案上的要求工作便意味着为别人服务，需要满足的设计标准并非自己所选。工作简案奠定了设计过程的基调，能促进最终设计的形成，达到简化项目并将项目分成不同阶段的目的。在这个过程中要做的选择不止一个，设计过程绝非一帆风顺。本节将介绍创建工作简案的过程，通过明确设计任务，厘清需要开展的工作。

使用彩色透视图 ↓

商业场所简画可以使用符合客户公司特点的颜色勾勒出粗略草图。

简案的开头通常是项目中最具创造性的一点，在这一阶段，需要提出的问题最多，各个关键要素的关系也在此形成。设计师有责任对复杂的信息进行分析、评估与诠释，以此形成设计简案的形式。非常重要的是，设计师需要分清设计目标的轻重缓急，从而确定项目参照。在决定最终设计创意或形成最终结果之前，设计师可能会考虑许多选择，有了明确的设计准则，就能测试选择的可行性。

设计过程

设计项目有自己的寿命，从设计理念形成时开始，到设计完成时结束。创建工作简案时，设计师要厘清设计过程的所有阶段。第一阶段是评估，需要设计师进行实际考察、分析并汇编相关数据。设计师可以在此阶段识别出室内可利用的条件和限制性条件。这些都是设计师必须要面对的、无法改变的因素，比如建筑位置或空间大小。

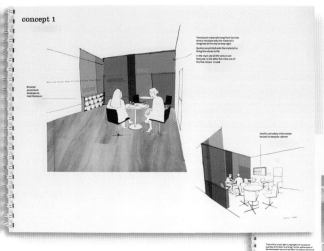

第二阶段涉及分析项目要求，专注客户需求，策划实现项目要求的工作步骤。本阶段要考虑客户所提出的实用与非实用要求。设计师还需要依据前一阶段存在的问题或提出的方案诠释客户的这些要求，如此便可强化工作简案。

第三阶段整合了前两个阶段的成果。设计师在整合实际目标与方案的理想目标时，需要考虑什么是可行的。设计师需要将所有限制性条件纳入考虑，从而决定方案结果。限制性条件可能是空间上的，也可能是预算方面的或法规层面的，在形成最终方案前，所有限制条件都须纳入考虑之中。

展示公司概况 ↑

概念版分项介绍公司概况以便考察场地、位置、公司特征和员工等级。

概念版

设计项目的初期阶段，概念草图展示创意发展成为设计方案的过程，可以使客户一眼看清设计创意的精髓。概念版既可着眼于全局，也可专注于某个细节，这取决于客户和项目需求。总之，将设计创意转换成一套选择框架（见第 4 节"构建创意"），能够使简案更加清晰。

创意输入

设计项目从一开始就要鼓励发散性思维。设计者应该对第一反应保持开放的态度，并且及时检测这些想法是否适用于其他创意中。从项目初期就保持创新，最后往往能够获得许多有趣的创意。

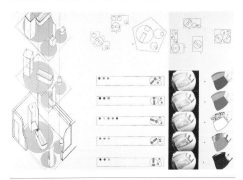

简案选择 ↑

灵活的盥洗室空间布局衍生出多个设计选择。

专题研究

首先选择一处场地并且假想成设计项目，开始创建工作简案。接着，从家里、公司或公共场所选择一个或多个熟悉的空间，确保选择的空间是你想要改造的。从决定项目大小开始，而后列出此项目中所有可能提出的要求，明确简案的内容。

过程

工作简案需要包括该场地的信息，表明重要的限制因素，从而设定项目规范。现在便可考虑应提出何种方案，通过回答以下问题建立工作简案：客户是谁？想要改进哪里？可行吗？如果可行,如何操作？在纸的一侧写下工作简案，之后便可建立客户信息了。

第 14 节

建立客户信息

本节目标

· 学会理解客户
· 建立客户信息
· 满足客户要求

理解客户远不止于满足客户需求。客户也可能有自己的想法和愿望，但请记住客户只是外行——客户并不是设计师，倘若没有你，他们的想法便不能成为现实。设计师的工作就是要诠释并展示客户所想，但有时候客户想要的可能和要求的有所出入。通过建立客户信息，能识别客户的需求、兴趣和生活习惯，并对症下药，便能识别客户要求的本质。

项目初期，客户有责任为设计师指明方向，但随着热情逐渐消失，客户往往会对新创意持保守和警觉的态度。设计师经常需要向客户解释并保证新创意将为设计带来新选择。良好的客户关系在设计过程中非常关键，因此设计师需要充分考虑客户的需求，经常同客户交流，与客户一起提前确定、事后检查工作的每个阶段不失为一个好方法。这样可以避免设计师因朝着错误的方向越走越远而导致费用高昂和浪费时间。全面的考察可以帮助你识别客户的主要关注区域并为此做出计划。

开始建立客户信息。首先列出客户要求，在时间表中按轻重缓急排序，各项任务均需标上工作内容和完成时间。请确保做好每场会议记录，保证不遗漏任何改变或调整。开会时请邀请客户参加，有助于树立客户的信心，让客户切身参与设计过程。由于做出改变往往很难，因此需要提前告知客户下一步的工作。设计过程中的任何变动，都应请客户签字表示认可，以便为日后可能产生的分歧或争论留下书面证据，并使客户和设计师双方都清楚自己的立场。请给客户一个说出对空间改造想法的机会——这个方法能够帮助设计师使用图片展示设计创意，并发掘客户对创意的偏爱及偏爱原因。请让客户按轻重缓急厘清最重要的要求和最不重要的要求。

定制装修住宅 ↑

为家庭设计的定制住宅，通过材料构成和雕塑形状探索室内空间，把家的感觉打造成不同寻常的体验。

专题研究

首先假想一个客户，或者把朋友作为对象建立客户信息。想象你正在为客户设计住宅空间。把你想问的问题列成清单，并做好接受不同意见的准备。

过程

假想了客户之后，便要探索客户的需求。首先要建立客户信息，列出年龄、性别、职业、经济状况和其他任何与生活方式、兴趣爱好有关的信息。客户提出的最重要的要求往往由他的生活方式决定。若你的客户是年轻单身的职业人士，他们的生活方式就与有小孩的家庭不一样。你可以从客户信息中得出一些结论，这样就给你学习第 16 节的设计简案部分开了个头。

双用空间 ↑

通过整合室内动线，该办公室区域摇身一变成了社交空间，同事们可以尽情在其中交谈、休息或放松。

第 15 节
编写设计提案

本节目标

· 学会构思创意
· 书写设计提案
· 运用设计标准

设计提案就是任务说明，用以推动设计方案的发展。设计师在提案中将构思具体化，通过阐明此设计提案如何最大化利用室内空间，从而解决设计过程中出现的问题，并阐述设计师想达成的效果。本节将介绍如何编写设计提案，同时涉及一些方法和技能。

探索比例 ↓

设计提案可以从不同比例层次出发，探索设计的可能性，小到设计对象的细节、家居和设计产品，大到楼宇等大型设计构成。

书写提案具有目的性，包括制定工作参数、阐明设计方案的目标和宗旨。提案大体上由最初的工作简案和客户要求确定，但作为设计师，你应该在提案中根据你的设计标准提出自己的想法。

首先，在开始书写提案之前，你应列出所有需要进行动工的部分。请确保其中包括了从实地考察中获得的所有内容，尽管你可能还想做出改动。其次，列出所有想要移除的事物和所有想要添加的事物。这些清单使你可以在现状和想法之间进行对比。最后，再一次评估客户的优先考虑和要求。你的设计是否符合自己的设计标准？如果符合，你便可以开始编写提案，列出设计大纲。

在开始编写提案时，你可以通过阐述内部空间将产生的改变以及改变的地点、时间、原因和方式向客户介绍项目的具体实施，并将提案内容分成一个个小标题。首先，描述房屋的位置和总体现状。这其中可以包括你从实地考察中所获得的重要信息，它们也许能证明此设计方案的核心内容，也可以包括建筑或建构分析。你可通过客户提供的简案和自己诠释的简案来跟进设计。这决定了你的设计标准并表明你已经考虑了影响整体设计的主要因素。一旦确定了这些初始小标题，接下来你就要对应设计阶段来阐释标题中的概念，从而明确设计理念。设计阶段应包括对简案的首次分析、设计创意构想和设计发展等阶段。可行且相关的设计提案应伴有图表、草图和图纸，以说明如何实现最终方案。请记住，强大的设计方案要既直观又实际。

专题研究

现在可以翻到第 16 节"设计规划"，使用第 14 节中建立的"客户信息"，在纸上总结设计提案。请保证按照下列提示，传达尽可能多的信息。

准备清单

第一步　明确现状和设计提议。

第二步　修改设计简案，按轻重缓急排列客户要求。

第三步　按设计标准形成设计策略。

第四步　明确设计理念。

第五步　阐述提案。

传达室内空间 ↓

提案的展示一定要传达室内的感觉和氛围，要阐明照明条件和效果，这是总体设计的重要部分。

第 **16** 节

设计规划

本节目标

· 学会规划室内空间
· 依照固定简案工作
· 制作设计演示

带着建立设计方案的目的进行构想可能是设计师所做的回报率最大的事。此阶段进行创造性输入是最有效率的，你的创意能达到最佳效果，并促使其最终成为现实。本节将整合前面几节提到的所有设计技巧，帮助你将其运用在实际项目中，并更好地发挥自己的设计技能。

概念化过程

规划室内空间时，你需要最大限度使用可利用的设计数据。从建立项目规模着手，包括设计规模、客户要求，以及那些你认为需要包括的所有设计特点，接着列出它们会产生的影响。一旦草拟了项目规模，请剔除所有问题，试着分析方案的可行性。对于为建立较强的概念方法而形成设计依据和决策来说，权衡利弊非常重要。

草拟设计阶段

列出项目中需要优先考虑的因素，给自己找到一个强有力的起点。这也可以说是从一个广泛的概念入手，如打造一个光线充足、空气流通的空间，接着具体深入考虑在设计中这又意味着什么。或者，你可以从一开始就专注于某个具体的概念，比如打造一个隐藏式储存空间。按这样的方式思考能够帮助你处理整个空间。不管你选择怎样的起点，这些起点应该是最符合设计规划的。

规划

定义活动或不同区域位置的一个好方法是创建气泡图。气泡图是一张松散的图表，用于说明某个空间相对于其他空间的大小和比例。例如，相对于非功能区域，实用区域用更大的气泡表示。你可能希望连接或定位这些空间，试图展示空间与空间的连通方式。在规划时，空间层次结构非常重要，这就再次强调了优先考虑设计标准的必要。

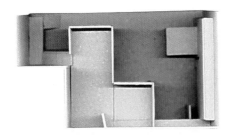

模型草样由纸板等简易材料制成，直观展示了室内视图。

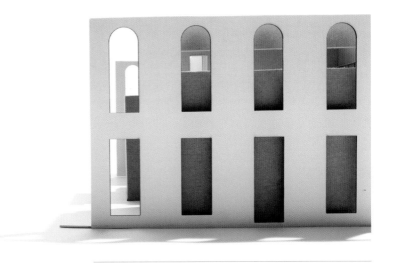

模型演示 ↑

一套模型可以测试材料之间的关系。按增量式方法搭建建筑构件，设计师能迅速做出室内设计的可行方案。

表演区域后的社交空间由一系列天然材料构建而成，包括木材、石头，视野延伸至天际线，展示了全景。

表演空间是对结构和形式的完美解读，座位区域倒映在天花板的镜面上。材料也是根据它们的声学效果进行选购的。

表演者的私人休闲空间使用相同的天然材料，虽然这里与表演区域功能不同，但同样展示了空间的连续性。

专题研究

从你家中选择一个你想要重新设计的区域。这个区域可以是功能性、实用性的空间，如浴室或厨房；也可以是休息区，如客厅或卧室。选择一个你认为在改造后会变得更好的空间，这会带来更多挑战。

第一步：开展调查

首先开展调查，并以1：20或1：50的比例制作卡片模型。查看会影响设计的任何因素，例如光源、入口或流通区域的位置。一旦你意识到潜在的限制性因素，请考虑是否能够对其做出改变。

第二步：规划空间

使用第14节中创立的客户信息和第15节中列出的设计提案，开始草拟规划。如果你正在打造一个功能性区域，则需要确定提供服务的位置以及支持活动的方式。

如果你正在打造一个放松性区域，你可能希望通过光源来使视野和光线最大化。请反复进行图纸绘制和模型搭建，以便更好地理解创意的实际特性和空间特性。

第三步：准备给客户演示

一旦你对设计感到满意，就开始制定最终计划，并创建空间的轴测图或透视图。通过对图纸的渲染，你要说明将要使用的材料和颜色。你要提供需采购的所有饰面、固定装置、配件、灯具和家具等物件的样板，只有这样项目才能算完成。

案例分析 5：零售店

工作简案

打造一个反映当代时尚潮流的导向型空间。

预算：少（房主为精品店店主和时尚买手，
追求时尚，对时装有独到见解）

设计：佛斯特公司

时尚是门大生意。在一个永无止境的竞争环境中，时装设计师同样需要趣味盎然的环境来展示他们的最新作品。这个精品店代表了时尚界的门槛，商店橱窗为我们提供了一窥时尚世界的机会。本案例将探讨零售世界的设计以及设计和展示的重要性。现成的产品为设计语言提供了良好的起点，也是设计方案的落脚点。

设计理念

与其他设计师合作总是趣味非凡，这种机会使设计师能够在高效的交流中汇集资源和想法。在本案例分析中，设计团队能够与尖端的时尚品牌一起工作，激发了设计方案的概念。本案例中重要的一点是，需要营造一个能提升人的兴趣的环境以衬托服装，而非造成服装在这个环境中相形见绌的情况。

橱窗 ↓

商店橱窗是将商品展示给外界的重要舞台。窗户上大胆前卫的字母，保证了店面外观简洁低调。精品店的名字为店内的服装添上了边框。

光的使用 ↓

巧妙的灯光设计营造出重点和亮点。位于商店远端的天窗吸引客户走向更衣室和付费区。可调节的灯光在衣架周围产生温暖的光晕，聚光灯的光照射在白色的水泥地板上。

设计策略

设计考虑的关键是服装的展示，以及必要的固定装置和配件的设计。设计师将空间打造为白色，制作了由粉末涂层钢管制成的树形服装展示架，然后将其作为空间焦点。巧妙放置的全身镜突出了服装架，营造出"服装森林"的感觉。每个树形服装展示架都有三个不同层次的悬挂空间，以最大限度展示不同服装。

收银台既实用又具有艺术感。根据员工要求，收银台由纤维板制成，顶部喷上了一层白色涂料，搁板兼有储存的功能和灵活的特性。

材料和饰面

在保持内部空间为白色艺术走廊风格的同时，设计师希望采用简单的白色系配色方案，使店面更有质感、更加丰富多彩。一面墙壁采用榫槽设计，形成起伏的表面，而其他墙面则留有简单的石膏饰面，漆成白色。其他地方使用的油漆质感从亮光到亚光，以改变颜色效果和饰面质感。更衣室区域则由简单的塑料窗帘相互隔开。白色粗毛地毯铺在精巧的软木隔板上，为内部空间增添了不同的白色质感，同时隐藏了仓库。白色系搭配的最终效果美轮美奂，白色抛光混凝土表面成了光线聚集地。树形服装架上方的流光装置有助于凸显本设计的绝佳效果并强调光照。在本室内设计中，白色系搭配和混搭的质感是当代型男型女时尚标签的炫酷背幕。

使展示空间最大化 ↓

服装展示装置与墙壁分离，利用空间的高度增加展示空间。粉末涂层树形钢架从地板延伸到天花板，提供了三层悬挂空间。服装轮流挂在架上定期展示，便于浏览。

在收银台上方和衣架周围使用的镜子，强调了室内空间，增强了空间感和光感。

定制的收银台设计灵活，能够提供实用的储存空间，同时不失美感，与周围环境完美融合。

留白空间 ←

　　照明、纺织品和织物打造了温暖的白色系更衣室。更衣室不受其他颜色和杂物的干扰，为试穿服装提供了完美环境。

跟随镜子探索 ←

　　镜子的摆放营造出了"服装森林"的错觉，在视觉上使室内空间扩大了一倍。

案例分析 6：咖啡馆

工作简案

将贝壳形半毛坯房改造成品牌连锁咖啡馆，突出咖啡馆特色。

预算： 中等偏少（房主为连锁咖啡店老板）

设计： 佛斯特公司

商业设计要求设计师既要考虑将要赚钱的客户，又得考虑将要花钱的消费者，同时支持品牌以适应产品的精神。本案例分析说明了商业室内设计的一种特殊方法。新旧设计元素在本案例中碰撞，创造了丰富的设计语言。从旧建筑中继承的建筑特征成功地与新的设计理念相融合，最终打造了一个氛围轻松、具有折中主义风格的咖啡馆。

大型玻璃幕墙展示了双层高的内部空间，为消费者和路过的行人展现了咖啡馆全貌。

设计精神

设计团队与其他两个咖啡屋的客户密切合作，他们将每个咖啡馆设计都作为学习机会，以一种可以应用于任何新地点的方式更新、开发和重新定义品牌特征。设计师参考这些建筑是考虑到它们有自己的特色，还因为它们位于城市的文化地带。通常，咖啡馆是年轻的创意从业者的聚集地，它为大家提供了一个愉悦、新奇、放松的好去处。

第一印象　↓

为了与贝壳形室内结构保持一致，咖啡馆的外观非常随意，看上去不像营业场所。咖啡馆是在利用其内部空间而不是外部标志宣传自己的休闲品牌，无论客户是短暂驻足还是流连忘返，都能感受到这种氛围。

设计理念

客户希望保持双层空间的原始感和工业风，保证有最大的空间，放置最多的桌椅。二手沙发和椅子的组合与定制的桌子和壁架混搭，既节省支出又达到预期效果。设计所使用的材料和饰面进一步体现了折中主义风格。石膏表面与焦渣砖并排放置，以前的居住者留下的痕迹——掉皮油漆的光泽为绝妙的灯光提供了背景。粉末涂层钢制星形框架为咖啡杯形状的灯罩供电。令人叫绝的细节增强了整体氛围，25毫米厚胶合板桌与彩色层压板层压，以提供隔离分区。为完成整体设计，坚固胡桃木的块状表面嵌入混凝土柱，形成了店内的中心设计特色。

颜色组合 ↓

明亮的颜色画出靠窗的座位，为繁忙的午餐时间或其他繁忙时间顾客的就餐提供简单的解决方案。

外露的表面和纹理赋予室内空间一种原始感，为古怪和不拘一格的家具添加中性色彩。

服务区域 ↓

长长的服务柜台可以收纳和展示新鲜蛋糕和甜点，以及准备食品和饮料。在服务柜台后，定制的存储柜可以容纳所有食品、厨具和餐具，而台面则装有咖啡机和取物机。吸取其他咖啡馆的具体设计要求，设计师为员工营造了一个实用、舒适的工作环境并营造了良好的氛围。

咖啡杯形灯罩是视觉和装饰元素，可以让我们感受到整体天花板的高度。从钢制星形框架上流泻下的灯光营造了舒适的氛围。从室外向内看，它们便成了玻璃幕墙后面的装饰元素。

服务区域拥有宽阔的流动空间，保证了极高的实用性和效率，可满足员工的需求。

第四章

结构性与非结构性设计

设计师有责任了解建筑构件的构造。通常，设计师的结构性和非结构性决策受诸多因素影响，如设计规划、预算、客户需求以及场地的空间特性。本章介绍了此过程的基本方面，虽然没有过多深奥的知识，但大多是实践设计师必备的建筑基础知识，并有助于了解所选材料的特性。

本章涉及的关键技能包括组织技能和信息收集技能。

第 17 节

建筑组件

本节目标

· 介绍主要建筑组件
· 理解建筑组件构造
· 理解建造技巧

地板、墙壁、门窗、楼梯都是建筑组件。它们具有围护、分割和循环功能，还有提供庇护、保暖降温、开阔视野的作用，这些能帮助我们定义室内空间。内部组件的设计可能会有所不同，具体取决于建筑类型和活动布局。本节将介绍主要建筑构件的搭建及其用途。

地板

地板决定了室内水平面的样子，并为活荷载提供支撑，如人和家具的重量；也为静荷载提供支撑，如地板本身的重量。通常在地板短边铺设一系列地楞用于搭建木地板，这样能为铺地板提供最大支撑。混凝土地板可以就地浇筑，也可以在钢托地板上铺设预制混凝土板。承载负载运动的地板必须非常坚硬且保持弹性，这样楼面荷载才能转移到房梁、柱子和承重墙上。

地板厚度与材料的结构跨度、相对强度应保持相应的比例和比率。在地板下布置与房梁平行的隐形电器电线或机械配线时，也应考虑地板厚度。面对如此多地板系统的选择，设计师应该向专业工程师寻求意见，以选定最佳的地板设计方案。

引导视线 ↓

连续的地板材料营造了一种空间感和开放感，使视线得以在整个空间游走。

墙

　　墙在室内空间呈垂直状态，提供了围绕和分割的平面。墙可分为承重墙（支撑顶部荷载）和隔墙（非结构性），以规划出不同的空间。但不论是承重墙还是隔墙，都应起到隔热隔声的作用，并足以支撑机械配线和电线的布置。外墙有很重要的保护作用，建造时应该控制冷暖气流、水分蒸汽。因此，建筑外墙既要持久耐用，又要能抵挡风吹雨淋日晒。

　　建造室内立柱墙时，通常会先搭建墙架柱，根据一般外壳材料的长宽，各个墙架柱之间间隔保持一致。墙架柱在垂直方向上支撑重量，安装在墙架柱上的外壳材料则负责保持整个框架稳定。所有电气设备和绝缘设备都将装于立柱墙框架内。墙壁可以用各种材料建成，最常见的是石膏，通常被抹成光滑的平面。至于其他密度更大的建筑材料，如砖石或水泥，这样的墙更加坚固，可以支撑更大的压力。在决定侧向稳定和采用伸缩缝控制墙壁变形时，高宽比非常重要。

外墙 ↓

　　外墙的处理和内墙有所不同。此图中的外墙表面就采用了镀层钢板和正面镀层保护。

门窗

对于构件的出入口，门、窗这两个建筑构件是最高效的，可将室内外风景连为一体。门连接了各个空间，同时保证了安全和隐私，打开门后可以透光通风。窗户就像是建筑的眼睛，通过窗户即可看到室外的风景，可让光照、空气进入室内，同时隔绝噪声和风吹日晒。门窗材质的选择根据用途不同而有所区分，但厂商们都会根据门窗开口的建筑规范提供标准大小的门窗产品。从外部立面看向建筑，门窗对于加强房屋外表的建筑布局非常重要。当门窗这些构件和整座建筑形成对比，构成比例，并增添了透明感时，建筑给人留下的印象也会受到这些构件的影响。

窗户类型

和门一样，窗户类型也多种多样，包括固定窗、平开窗、推拉窗、双悬窗和旋转窗等。窗框的类型、材质和建造也五花八门，有上釉木制的、铝制或钢制的。决定选择何种窗户的重要因素包括光照和通风需求、隔声隔热效果和清洁维护便捷度。如若可能，可向专业人士咨询，了解不同的窗户类型。

框架装置 →

从室内往外看，窗花格框架营造了戏剧般的视觉效果。

门的类型

门的不同主要在结构和开门方式上。根据类型不同，可分为平开门、推拉门、折叠门、旋转门和枢轴门等，其中枢轴门是一种五五侧开门。根据风格不同，又分为镶板门、玻璃门、百叶门、法式门和玻璃镶板门。门的选择大多由门的位置和出入要求决定。其他因素还包括空间之间的预想运动、使用频率和其他具体条件，如光线、通风、视野和隔声。门的重要功能之一是防止火灾时火苗在室内扩散，防火门防火的时长从 30 分钟到 4 小时不等。

流动构造 →

连续环形扶手沿着折梯自由向下流动。细细的立杆和及踝高的防摔杆，给予了最重要的安全感。

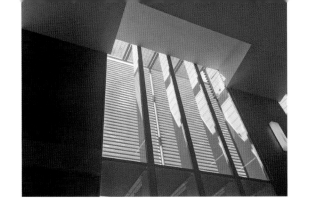

吸引目光的临界 ←

留缝带来了非凡的特色，通过迷人的光影效果营造了独具特色的室内空间。

楼梯

楼梯在建筑中往往是非常重要的特色设计。楼梯有时可以影响结构系统，有时又决定了服务设施在总体布局中的位置，从而影响室内空间的结构。楼梯在垂直方向连接了层与层。在大型建筑中，楼梯将不同区域连接起来，在营造良好的流通感上楼梯起到了独特的作用。楼梯的建造可以分为两类：第一类是构成建筑结构不可或缺的一部分，如混凝土楼梯；第二类是独立的楼梯，如盘梯。显然，建造楼梯时除了考虑安全也应考虑舒适度和便捷度，这主要还是由人体工学数据决定，可以根据身体比例和身体部位的移动提供建造标准。

楼梯类型

设计楼梯时的其他重要考虑因素还包括对过渡平台的要求，过渡平台应该远离障碍物，并且宽度与深度应与楼梯梯段的宽度保持一致。为了舒适和安全起见，所有楼梯都应安装扶手。根据不同功能需求和空间限制，楼梯类型也多种多样，包括了直跑楼梯、L形楼梯、曲线形楼梯、盘梯、旋梯、180°大旋转楼梯或U形楼梯等。

连接空间 ↑

本图中手风琴式的钢板楼梯是突出的设计特色，它腾出了空间，环绕在厨房周围，并且楼梯下还提供了储存空间。

房屋构造的健康性与安全性

房屋在设计和建造阶段，就应该考虑健康和安全问题，该问题伴随建造工作整个过程并延续到建筑结构的使用期内。

安全工作条例

房屋建造过程应任命一名工作监督员（可以是设计团队的成员，也可以是外部专家），让其负责建造过程的监督和场地安全问题的协调。该监督员应通过正规的健康安全训练，并保证建造过程符合建造条例和建造规程。

建造安全

工作监督员应准备一份建造阶段的健康和安全计划，在建筑完工时，应向客户提交一份健康安全证书。设计团队在法律上有责任预测任何风险，首先考虑安全条例，并避免人员伤亡。若设计团队未能遵守健康安全条例，客户有权提出上诉。

不同国家的建筑指南、规程和条例有所不同。在国外工作时，设计师需要了解当地规划局和建筑机构的相关规定，确保符合必要的条例准则。

物质性

任何材料的特性都通过其颜色、表面、质感、内在结构、重量、温度和光感表现。这些因素不仅会影响材料的外观，还会影响它的构造方式、性能和持久度。

特定场所

Pull house 坐落在佛蒙特州的乡间树林中，它的设计反映了当地谷仓类型建筑的特色（如右图所示）。进入室内，一块块构成墙壁的木板均用手工染色的方式染成了棕色、黑色、紫色，强调了木板的自然效果，重现了外部的景色。这些自然、人造元素的玩味组合，得到的效果别具一格。

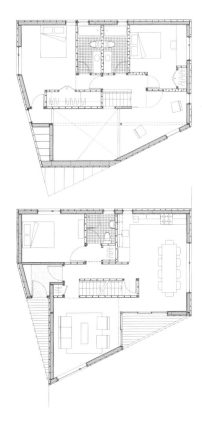

环境

　　在保护区中打造一处新家，选择材料时需要花费心思。也就是说，使用木材和当地的红砖可以保证建筑与其所处环境保持一致。木材的暖色和一块块红砖的渐变色营造了丰富的材质纯净感。材料的选择使得室内外景色融为一体。砖块的色调和木材的使用为这处乡村住宅平添了一分自然、和谐。材料的流动性营造了空间的连续性和一致性。

第 18 节

建筑材料

本节目标
· 介绍主要建筑材料
· 理解建筑材料的属性
· 学会选材

设计师乐于和材料打交道，因为这些原始的建筑元素往往能给他们的创意带来生命。无论你是想营造一个氛围轻松的环境，还是想要打造一处实用的功能区域，材料的选择都是实现目的的关键因素。本节将介绍一些常用的建筑材料。选择材料的过程通常是从选择好看的外表开始的，但也需要考虑其他因素，如强度、持久度、性能和保养等。

带结构建筑

建筑材料的首要功能是其结构功能。结构的功能是将附于建筑物上的所有负荷安全地转移到地基，且不会导致整个建筑或其他部位坍塌。若设计师的计划涉及结构性改变，则一定要考虑到这一点。不论是建造一处楼梯、移除一面墙壁或嵌入一层夹层，都要保证设计和建造的强度、稳定性和防火性能。这就意味着要遵守安全标准，确保使用合适的材料，从而保持结构的整体性。

所有材料在被拉伸或被挤压时都会受张力和压力的影响，这是自然原因。材料在被拉伸时便会产生张力。材料被拉长时和紧绷的橡皮圈类似。压力则与张力相反，当材料遭受挤压时就会变短，就像泡沫遭到挤压后会变小一样。当然，结构材料比橡皮圈或泡沫要坚固多了，所以肉眼难以察觉这些变化，但变化仍旧会发生。木材、混凝土和钢的强度各自不同，但在因负重太大塌陷之前，这三种材料都具有抗拉抗压的能力。

基本特点　↑

木材是极好的自然材料，能营造出温暖的意境。

结构性材料

混凝土、木材、钢和铝制材料通常被用于建造结构构件，这些材料的属性使得它们可被运用于不同的建筑类型和结构中。对于承受固定的负荷而言，材料强度越大，需要使用的数量便越少。通常而言，又高又宽的框架结构需要强硬坚固、经得住压力却又轻盈的材料。从材料重量和强度之间的关系可以看出材料在结构功能中的使用效能，这种关系也叫强重比。设计师应该尽力采取建造结构的最有效方法，从而避免较多的花费，将材料浪费控制到最少。

木材

木材是极好的自然材料，多种多样的木材可以满足不同的建筑需求，大体上木材可分为两类：软木和硬木。软木如松木或云杉木等，它们的生长周期较短，并且售价相对便宜，但比硬木更容易被磨损。软木的强度与木头的节疤和断层，还有不同结构软木的延展性有关。相比较而言硬木比较昂贵。橡木的种类很多，颜色和质地的差别也非常大，比其他材料的硬度低，但与木材的自身重量相比又算得上非常坚硬，强重比也很高。因此木材是良好的结构性材料，可用于房梁、柱子、地板、家具，还能用于封盖天花板和墙壁。木材可用于封饰表面，特别是大面积使用时，是很好的装饰材料。还可在其表面刷上黏合剂进一步加固，制成胶合板和叠层木。当然，木材必须采用耐火材料保护，尽管这可能会降低木材的总体强度。木材作为建筑材料的优点是，使用起来操作便捷，抗拉、抗压能力相对较强，又具有绝缘特性。然而，将木材作为建筑材料使用有时与生态保护相矛盾。全球的木材消耗速度远远大于树木生长速度，因此，一旦购买木材，请确保购买渠道正规，木材来源环保。

自然的生活空间   ↑

落地窗户将室外景色纳入框中，将室内外之间的隔阂降至最低，强调全景体验。

玻璃

玻璃可以满足安全、防护和隔热的需求，同时兼有装饰性。多种多样的玻璃在室内得到广泛运用，包括地板镶板、隔墙、屏幕、门窗、台阶、柜子和扶手，玻璃还有调节光线、充当防溅挡板和装饰表面的作用。先进的技术使得玻璃产品经济实惠、种类丰富、厚度多样，可满足结构性和技术性需求。尽管玻璃被认为是美学材料，但一旦出于家用或商用原因对其进行加固或叠层处理后，它的耐用度强得惊人。玻璃隔墙能够分隔空间、有透明度并能保护隐私。不论透明、半透明还是不透明的玻璃，它们都无限耐用，并且有装饰效果，可选择的生产工艺多种多样。玻璃加工技术可以调控光感、颜色和样式，让产品变得实用灵活，解决了许多复杂的设计要求问题。毛玻璃和喷砂玻璃可以轻柔地散射光线，内嵌颜色的叠层玻璃可以反光，一旦光线不足，不透明的地板则会反射玻璃光。玻璃表面类型有酸刻蚀表面、磨砂表面、喷砂表面、层压表面、压花表面、上釉表面和着色表面，还有一些不常见的玻璃表面由回收的低耗费产品（电视机屏或车窗）加工而成。

钢

钢是铁和碳的合金，加入少量镍，可变成不锈钢，这些特性保证了钢是强硬坚韧的材料，有很高的强重比。支撑相对大的重量只需使用少量的钢，因此钢是非常经济实惠的材料。按强度划分，钢分为两种：常规钢和高强度钢。钢的特点使得钢能够用于不同的建筑类型，包括低层和高层建筑，对于建造不同宽度的屋顶也非常有效。强度高是钢作为建筑材料的主要优点。作为建筑中强度最高的材料之一，钢常用于建造桥梁吊索、桁架和房梁、摩天大楼的柱子和过山车轨道。然而，钢较易受侵蚀，需要定期刷保护层，材料表面的维护费用很高。

混凝土

混凝土是人造材料，由水泥、砂、石子和水混成，具有可塑性、高强度和持久性，用途广泛，广受欢迎。混凝土的用途很广，可满足的需求也很多，可以预制成不同的组件，雕刻或浇筑成不同的形状，满足载荷的要求。对于地板、墙壁、天花板和其他表面而言，混凝土是绝佳材料。普通混凝土的强度根据配比不同而有所区别，这取决于水与水泥、水泥与砂、石子的配比。骨料（砂和石子）越细越硬，混凝土的强度就越大。水加得越多，混凝土强度就越小。在混凝土中加入钢筋，浇筑成钢筋混凝土，可以加强混凝土抗拉抗压的性能。混凝土经济实惠，防火防水，既可抛光、上色，做成不同样式，也能维持粗糙状态，保持坚硬本质。

视觉特征 ↑

利用材料的美学特征，如质感、形状和颜色。

实用特征 ↑

性能好的结构性材料需满足耐用和坚硬的条件。

绿色设计

绿色设计是指通过有效二次利用或回收产品，力求减少材料和建筑浪费。通过寻找替代品，可持续战略在设计计划早期便可定下。可持续战略包括尽可能少建以达到高效能、具体列出最高效的产品或原材料、采用普通材料代替稀缺材料、二次利用废弃建筑中的建筑材料。修复一处地方和修复其材料为设计师带来了真正的挑战，这个修复过程也就是要将现有的场所改造成可以支持新的生活活动、满足新使用者要求的过程。材料回收的好处显而易见，但更有趣的是，绿色设计可以促使设计师变得具有想象力、创造力，激发新的思维方式。通过回收废弃材料，设计师可以为项目探索新的可能性。

建筑设计

巧妙的建筑设计可以最大限度获取太阳能，保证能量损失最小化、热能效率最优化并保温。良好的光源位置和方向，可大面积减少玻璃区域，是设计考虑的关键因素。

节能

精心设计的生活设施可以达到节能的效果。比如，可以用太阳能聚集器或风力发电装置生产热能和电能，这些方式都不会排放二氧化碳，并且经济实惠。通过收集厨具和冰箱的热损耗、减少长管道的使用也能节省能源。家用暖气和热水可以分为两个不同的系统。可以通过自然通风或安装被动式热压排风系统（烟囱效应）代替空调，从而避免过多的热损耗，低能或高频日光灯也能节省能源。

水消耗

检漏仪、水流调节器和水回收系统均可避免水浪费。收集的雨水在地下水库中过滤后又可供应到各个使用点。来自浴缸、淋浴间和厨房的中水可回收至上水箱，供坐便器使用。低水耗的家用电器能节省能源，双按钮或低容量的抽水马桶也能减少水浪费。

建筑材料

绿色设计应包括使用低能耗的材料，此处的能耗包括材料生产和运输过程中的能耗，使用当地材料可以减少运输过程中的污染。绿色设计需材料本身是无毒的，生产过程也对环境无害。购买的木材应得到森林管理部门的认证，以保证木材来源于可持续和可再生产地。由于工厂实施严格的管理，因此预加工的木材是最好的。合成材料的替代物多种多样，可再生类型的铺地板材料也非常多，如经森林管理部门认证的木材、再生木材、软木、椰子壳粗纤维、油地毡或羊毛。涂料应该异味小、无毒、不含溶剂，最好的是水溶性涂料。

节能　↑

太阳能板可最大限度获得能量，为居室供电供热。

第19节

生活服务设施

本节目标

· 介绍生活服务设施
· 理解室内生活服务设施的布局
· 学会调查不同的设施系统

生活服务设施将建筑与供水、电力、煤气和通信系统直接相连，为建筑带来生命。本节将介绍关于室内生活服务设施布局与配置的重要技术知识。

建筑好比人体，各个管道就像人体动脉，通信电缆如同神经，各种设施的配置安装将整座建筑连接在一起。重要的是，绘制房屋的解剖结构时，应仔细考虑生活服务设施的安装，以使各供应线路长度最短、最合理——尤其是浴室和厨房的供水服务。这些设施线路通常在垂直方向上穿过导管空间，水平方向上藏于地板之下，空间上穿过吊顶上方的空隙。

电缆路线 →

电缆穿过地板、墙壁，隐藏式布线。

供水

水资源可以来自地面的小溪河流，也可来自雨水渗入岩层后形成的地下水。城市供水系统从大型水库中抽取，流入每条街道下的总水管。在偏远地区，可开凿水井，深达地下水位，再通过压泵的方式将地下水引入房屋蓄水池。

净化

水在供应到每家每户之前，需要进行过滤，移除沉渣，用氯加工消毒，还要使用化学物质对其进行软化处理，消除水中的硬水盐。如果水过硬，则会加剧对压泵系统的腐蚀，引起结垢，导致损坏。

给水

一旦家中的水管与街道总水管相连，水就会在压力作用下通过水管分配至家中，表示为水头（水在总水管的垂直管道中上升的高度）。这种压力足以将水通过管道垂直引入储水箱和蓄水池。之后便有一系列阀门控制各处的水流量，并在维修维护时切断水供给。

排水

在居住房屋中，通过减少排水系统管道分布使浴室和厨房设计更加合理是非常常见的，这样一来便可使水的供给经济实惠。每个卫生设备的排水，首先通过横向管道（排水横管）与总排水管相连，总排水管向下连着另一水管（排水立管），排水立管与地底横管（下水道）相连，最后污水排入公共集水沟中。厕所中排出的水称为污水，其他用水设施排出的水称为废水。废水和污水的排水管需要匹配相应的材质、大小，并渐进式排入集水沟中。

供电

电为许多家用设备供能，如加热设备、电灯、电器、安全和通信设备。随着科技越来越成熟，电气设备的布局和安装也逐渐适用于不同的系统。隐藏式电缆线路可以是横向的也可以是纵向的，易于定位。

配电

电通过地下电缆进入室内，连入电源箱，而后通过不同的线路分配到不同的使用地点。每条线路都配有各自的保险丝，可以满足各个高耗能电器的用电需求。这种分隔保险丝的方式保证了线路损坏时可以单独维修，并根据可能的最大负载确定电路的布线尺度。保险丝为分级式分布的每个阶段都提供了保护。地线能起到保护使用者的作用，这样便确保了一旦遇到线路松散，电器外壳非常危险的情况，保险丝便会自行熔断，以保证系统安全。

安全条例

开关的存在便保证了在电源活跃的状态下也能让电器停止工作。为了安全，浴室开关应安装在浴室之外，内部装有绝缘的拉绳。除电动剃须刀的安全插座外，大型电器的插座绝不可安装在可触范围之内，并且安全插座内也需含有绝缘变压器。

供气

煤气是最简单的生活服务设施。加工后的民用煤气由煤和油组成，在被天然气代替之前，煤气的使用历史悠久，而天然气更加天然，其成分大部分是石油燃气。天然气经济实惠、使用便捷，常用于供暖、厨房使用等。

配气

煤气的供应呈网状分布，当地煤气输送网通过管道将煤气运输到每家每户，与水供给类似。煤气引入通常处于最低水平。按照活栓、压力调节器、计量仪的顺序，最后才是分配管道。安装在建筑内部时，煤气管道应从直径25毫米的管道慢慢减为15毫米管道，具体取决于使用煤气的设备——锅炉、厨具、热水器或取暖器。

安全条例

安全是供气的重中之重。尽管现代煤气比老式的民用煤气的毒性小了很多，但如果设备损坏导致不完全燃烧，仍旧会排出一氧化碳并导致人窒息。燃气供应管不可穿过房间，一旦泄露便有致命危险。因此，计量仪和煤气管道应装于通风的区域，这样一旦发生煤气泄漏，便可轻易察觉。

采暖、通风与空调

通过平衡室内外环境，采暖、通风与空调系统保证了室内舒适，以满足人类活动。

采暖

室内采暖能源有固体燃料、石油、天然气或电力，可根据舒适性和经济性进行选择。为创造良好的室内环境，热能设备的选择应考虑到可控程度，如设备的外观、位置、维护、保修及其安装、运行成本。

配暖

直接加热器、电暖器、锅炉或暖气片都能提高室内温度。在中央供暖系统中，燃料在中央设备里转换成热能，而后热能通过管道传遍室内。高效的暖气系统可以使用最少的燃料而获得最大的热能。

通风与空气质量

通风可以提供氧气供应，促进空气循环，以对抗温度过高、污染或气味。保证室内自然通风是设计师的责任之一，打开门窗便可满足。在无法自然通风的情况下，需要机械通风或使用空调通风。

配置

在机械通风或空调通风的情况下，风扇吸入新鲜空气，排出废气，再通过管道传送到室内各个角落。高效的通风系统应保证热量的回收。

安全条例

一旦烟气和污染可能产生危害或引发环境隐患，就应该打开排气罩或排气扇。

第20节

灯光

本节目标

· 学会营造不同的灯光效果
· 选择合适的照明产品
· 学会绘制灯光布置图

一份好的照明方案应该力求改善室内空间，使最终设计呈现照明最佳效果。不论是工作、休息还是执行特别的任务，所有活动都需要灯光支持。一份照明方案应识别空间中将开展的所有主要活动，以决定放置光源的合适位置。

在任何室内空间中，光照都是重要元素之一，也是设计成功的必要条件，需要在设计的早期阶段便开始构思。倘若光源的位置不对，或没有营造灯光效果的想法，最终的设计结果可能让人大失所望。

画廊 ↓

展示空间需要良好的照明，灯光效果需要符合展品特点。

光

所有的光源，不论人造光还是自然光，都是由不同波长或颜色的光组成的。这些颜色组合在一起就形成了白光。光的波长可以影响光的颜色、色温和我们看颜色的方式。在着手制定照明方案时，我们需要对可用的光源和它们对空间产生的影响有一定的了解。

灯光布置图

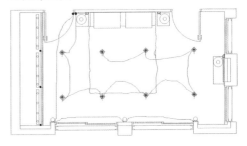

图表明晰 ↑

灯光布置图展示了灯光设备的摆放以及它们在电路图中的位置。

图例

◆　50W 低压嵌入式 QR-CB51 型组合灯

◎　独立式 5A 假定电路，60-100W 一般照明用灯（客户选择）

▢　明装式低压墙灯

▯　明装式橱柜灯（衣柜），10W QTLP-ax 型组合灯（门控）

•　墙面开关

•　门控灯具开关

表面亮度和反射系数

制订照明方案时，应该充分考虑室内墙壁的颜色。反射系数高的浅色会加强表面灯光效果和光线水平，而反射系数低的深色则会吸收光线。当灯具一样，功率相同时，相对于浅色的空间，深色空间引起的光线损失会降低室内可感知的亮度。显色性是指光线影响空间内表面颜色的方式，及其离散颜色的能力。

灯

谈及照明时，"灯"这一词并不指独立式的装饰产品。灯的种类繁多，形状、大小多样。根据照射方式的不同，人造光源又能分成不同的种类。

LED 灯和光导纤维

这两种灯的照明方式不太一样，但都具有产生冷光和维护成本低廉的优点。若很难使用其他种类的灯具，使用这两种灯也是一个选择。

特色照明 ↑

照亮重要物体可以强调该物件或活动的重要性。

初次印象 ←

如图所示的入口，灯光作为一种装饰性元素，给人以深刻的初次印象。

荧光灯

接通电源后，灯内发生一系列变化，最终使电灯内壁上的荧光涂层发出可见光，从而产生光照。荧光涂层的数量和类型不同会影响荧光灯的色温和显色效果。荧光灯种类繁多，可以满足不同的照明条件。

卤素灯

卤素灯是白炽灯的一个变种。卤素灯的工作原理是电流通过灯丝，灯丝温度升高，直到白炽化产生光。在所有的白炽灯中，灯丝都安装在真空环境中，并注入惰性气体以降低灯丝粒子的蒸发率，延长灯泡使用寿命。卤素灯的真空灯泡中还注入了碘和溴，可以使灯丝发出更亮的光，同时又降低灯丝的蒸发率。低压（12V）卤素灯的灯丝又厚又短，由于灯丝的表面更大，发出的光比 240V 卤素灯更亮更强。

高压气体放电灯

气体放电灯的工作原理是电流通过某种气体时会发光。由于无须使用灯丝，便不存在灯丝老化的问题，因此这种灯的使用寿命更长，又由于产生等量光线的耗能比有灯丝的灯要少，气体放电灯使用起来也非常高效。气体的类型和压力决定了灯的色温和显色性。低压的钠灯能产生黄色的灯光，可用于街道照明；而高压的汞灯用于需要使用亮色灯光、要求精确显色的地方。

多样灯光　↑

建筑照明可以加强设计特色。此图中，发亮的楼梯营造出了空间的"设备感"。

其他类型

除了最常使用的几种类型，也有一些其他照明灯，电与玻璃灯壳中的气体发生反应而产生光——这些就叫气体放电灯。一些依靠电磁感应和气体放电而发光的电灯叫作电磁感应灯。若照明方案强调电灯使用效率和使用寿命，这两种类型的灯都能得到很好的应用，但很少用于家庭照明中。

灯光只是关乎亮度吗？

灯光的照度单位为勒克斯（lx），通过计算光照强度我们可以得到单位面积上的光的能量。尽管这样能给出一个具体数值，但通常照度不能直接体现光照的实际效果。

另外，亮度通常是主观的。照明方案的设计常常基于安装在天花板上的电灯，在室内散发出均匀的灯光。家具布局、艺术摆件或结构特征等其他元素并不包含在其中，因此便没有了氛围。在某个你很享受的空间中观察其照明方案是很有价值的，看看其中灯的安装位置，注意其使用光线加强各种元素的方式。

打造灵活空间

均匀的照明可能无法让空间灵动起来，但仍旧有其重要的作用。应开展对每个房间的评估工作，并为每项特定活动打造不同的灯光效果。应将工作、休息、娱乐和进餐等主要活动的区域都纳入考虑范围，并思考为这些活动打造怎样的灯光效果。大多数房间的灯光都要有能力支持各种不同的活动。设计多个照明电路，改变光源的数量及其位置，便可根据不同的活动需求切换到相应的灯光效果。

实现设计创意

当灯光效果比较难以呈现时，可以建立视觉效果图，但如果你不是这方面的专家，这项工作往往非常耗时。因此你可以考虑收集一些你喜欢的灯光效果的照片，并做成灯光概念版，这样便可展示你的创意了。灯具和电路的位置可以体现在灯光布置图上（参见第119页）。这只需要简单的绘画技巧，使用一些符号、图例表示不同类型的产品，而后便可将这些符号串成单独的电路。

玩转光线 ↑

人造光和自然光营造了明亮的上层空间和昏暗的下层空间。

迎接光线 ↑

从天窗照射进来的阳光，连同打造凝聚感的墙灯，照亮了建筑材料，令空间显得格外美丽。

专题研究

评估自己家中的灯光布置，是了解灯光效果如何影响你享受居住空间的一种好方法。

过程

首先选择你家中的两个房间进行观察，列出在房间中开展的所有活动。通常，可以选择一个活动比较多的区域，如厨房；另一个则可选休息区，如客厅或卧室。

你要问自己，这个区域中有几种不同的灯光效果？你认为这些灯光效果足以满足不同的活动吗？你还要考虑空间的布局和家具的摆放位置。

效果

针对每个房间，既要列出适合该空间的光源类型和位置，也要列出需要调整的地方。草拟一张灯光布置图，制作一个样板，展示你选择的不同产品及产品规格。

第21节

室内配色

本节目标

· 介绍基本色彩理论
· 理解颜色术语
· 学会建立配色方案

倘若世界失去颜色，那将会怎样？颜色不仅能帮助我们认识周围的环境，还是一个能传递周围环境信息的美学工具。在室内设计领域，色彩处理可以兼具实用性、装饰性和建筑性，可营造空间感和认同感。从设计的一开始便需考虑配色方案，室内设计师可以借此塑造环境范围。本节将介绍基本的色彩理论和术语。色彩调和技巧的使用，将色彩融入改造室内空间的方案中，并使其成为主要设计组成元素之一。

为室内设计选择织物或涂料时，请记住颜色是塑造和改变空间的重要工具。它可以使物体看起来更轻或更重，也可以使空间看起来更暖或更冷，还可以营造平面前进或后退的感觉。一般，如红色和黄色的暖色调往往会营造前进的感觉（比如让墙看起来更近），而像蓝色和绿色这样的冷色调则会突出后退的感觉。色彩的亮度或饱和度是影响色彩营造出前进或后退感

觉的重要因素。非常亮的颜色会给人以前进的感觉，而非常暗的暖色就会给人以倒退的感觉。

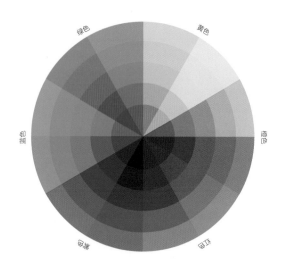

色环 ↑

色环是非常重要的工具。不同的色带——红色、橙色、黄色、绿色、蓝色和紫色——分段排成圆圈的形式，以显示彼此之间的关系。通过色环既可以理解原色、间色、复色的概念，也能了解互补色和类似色的搭配。

颜色理论与术语

通过混合红、黄、蓝这三种原色，就能产生不同的颜色。三原色简单混合，就能得到三间色——橙色（红、黄混合）、

绿色（黄、蓝混合）和紫色（蓝、红混合）。任意原色同任意间色混合，又得到了复色：红与橙混合或蓝与绿混合。三原色与三间色为互补色（绿对红、紫对黄、橙对蓝）。

色相是用于区分颜色的专有名词。不同的红有其相对应的色相，如红偏蓝、红偏黄，或浅红、深红。明度或色调用于区分颜色深浅，比如，浅蓝色是高明度颜色，而海军蓝是低明度颜色。中性灰的黑色或白色含量也可以用明度表示。色度或饱和度是指颜色的强度或相对纯度，有时称为强度、纯度或彩度。色度强烈的颜色是那些色相接近纯色的颜色。

色彩空间　↑

　　该室内零售店的仿真效果图的灵感来源于店内产品形成的调色板，并利用产品库存在墙内营造出的隔离效果。墙壁本身就是商店的储存空间。通过透明的空间，可以看到当下流行色样呈现出的朦胧效果。

颜色调和

　　颜色调和可以被描述为使用特定范围内的颜色。它们用于平衡颜色，使颜色的组合和谐、美观。遵循简单规则，便可使用颜色调和的技巧来创建成功的室内配色方案。

专题研究

　　使用一套样本，建立三个不同的色彩方案，将色彩理论运用到建筑的各个结构中。质感和纤维的选择应大胆一些，充分利用这项活动。

过程

　　将你从颜色目录中挑选的样本颜色分成三个不同的颜色调和组——单一色、对比色和互补色。一旦达到你满意的分组效果，便开始寻找能与你色彩方案相搭的室内图片。

成果

　　将最终色彩方案展示在 A2 大小的板上，并用你找到的室内图片一一体现。在颜色样本和图片旁标注笔记，为潜在客户提供有价值的信息。请记住，向朋友或同事展示你的成果，能帮助你评估该色彩方案在演示阶段的有效性。

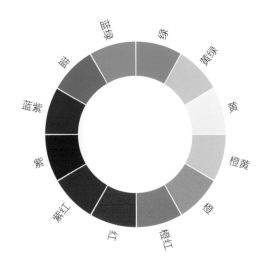

单一色 →

　　在自然界的绿色植物中间，很容易就能找到和谐的色彩。单一色是指单一色相的和谐色，使用来源于单一色相色调梯度中的颜色。这些色彩方案具有营造空间冷暖氛围的特性，但它们并非严格中立。由于它们能和灯光效果完美融合，所以它们可以让人舒适和放松。在单色方案中添加一些中性颜色，如黑、白、灰，可以营造冷色氛围。

互补色 →

　　通过使用互补色，能为和谐色彩中注入活力。设计师可以利用在色环上两种色强度和色调相对的颜色，如红色和绿色。在一份高效的色彩方案中，设计师会降低一种或所有颜色的色相，或者用相关色或中性色（如灰色或白色）对颜色进行区分。丰富的互补配色，以及多种多样的单色强度，往往能带来一份成功的设计方案。颜色平衡是其中的关键。总之，要确保在整个配色方案中没有一枝独秀的颜色。

色对比度 →

　　对比色提供了高度的视觉刺激。移除相关和谐色的安全感之后，便可通过对比的手段，使用强调色用于突出相关色。强调色是互补色相，与色环上选定的颜色正好相对。而后就可在设计方案中少量引入互补色，加强色感。总体效果旨在营造一种突出相关色和重点色视觉体验。

孟塞尔颜色系统

　　阿尔伯特·孟塞尔（Albert Munsell）的色谱系统于1915年首次出版，是世界上使用最广泛的色谱系统。1918年孟塞尔去世后，孟塞尔颜色公司（Munsell Colour Company）继续生产色表、彩色幻灯片和色谱，供创意产业，地质学、考古学和生物学研究使用。在室内设计领域，孟塞尔颜色系统使得设计师可以从色相、明度和色度这三个维度，精确地描述、理解色彩。

色相

　　色相为环状的色彩量度，孟塞尔将其定义为"我们区分各种颜色，如黄色、绿色、蓝色或紫色的标准"。第一个维度是指色相在色谱中的位置，但不会体现该颜色的深浅、强弱。孟塞尔颜色系统是基于十种色相的色环，其中五种主色调为红色、黄色、绿色、蓝色和紫色，还有五种颜色则介于主色调之间。

明度

　　明度为垂直的色彩量度，孟塞尔将其定义为"我们区分颜色深浅的标准"。明度级别被视为一支垂直杆，位于这根杆底部的黑色表示无光，而在顶部的白色表示纯光。在这两个黑白极点之间渐变成灰色。在日常用语中，明度通常被称为色调，低明度通常用于表示暗色（如深色），而高明度则用于表示亮色（如浅色）。

单一色

　　本配色方案选取了色环上的绿色作为起点，加入黑色和白色之后，就调成了一系列和谐的颜色。

互补色

　　本配色方案从色环中选取了红、绿两个相对的颜色，加入了浅红色和中性深灰色。

对比色

　　本配色方案选取了色环中蓝色附近的颜色，加入对比色黄色，突出了重点色。

色度

色度为远离垂直极的水平轴上辐射的色彩量度。虽然颜色从色相角度而言可以表示为蓝色或绿色，或从明度角度而言表示为浅色或深色，但只有加入色度之后，颜色的表述才算是完整的。色度是某种颜色的强度或饱和度——无论颜色的强烈、纯正，或灰暗、无色。颜色的不同在于其色度强度的不同，因此有些颜色比其他颜色更加强烈。色彩平衡或和谐的关键就在于，在明度相同的情况下，所有颜色的色度强度不能达到最大。在色度层面，红色比蓝绿色强两倍，因此达到灰度就要求更多色阶。而蓝紫色在第四色阶强度达到最大，黄色在第七色阶强度达到最大。

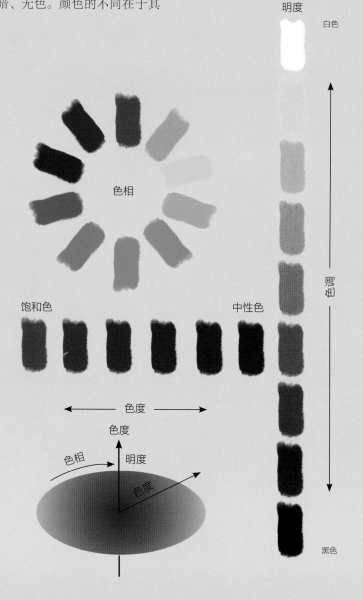

第22节

家具

本节目标

· 理解家具影响空间的方式
· 了解定制家具
· 思考如何让家具变得不一般

家具是室内装修重要的组成部分，将我们与室内环境紧密连接在一起，塑造、形成了我们的个人行为和表达。虽然家具的功能是必要的，但它不是室内装修的唯一焦点；仔细观察家具的细节、工艺和材料，以及它们对空间质感的总体影响，这些都对设计很有用，并能提升整体设计方案的水平。

家具在设计上可以是标志性的，无论是使用创新十足的材料，还是家具在室内营造的效果，都能创造新的基准。精心设计的家具在制造上也很高效，有便于客户购买和组装的批量生产的、平整包装的家具，也有高级手工定制的家具。

手感上乘的桌子 ↓

使用图案和装饰物品添加空间色彩、营造空间深度感、丰富空间形状，亚克力板材质的桌子兼具层次性和透明度。透明的材料和边缘打造出了失重的整体效果，在不同的灯光效果下产生不同的颜色和视觉形状。

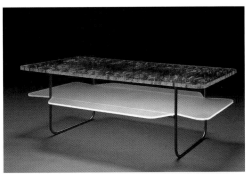

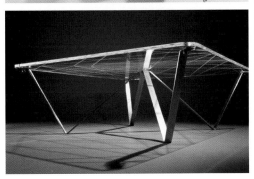

隔墙 ↓

通过可折叠可堆叠的组件搭成屏幕，我们探索了空间的灵活性。

将彩色的亚克力板安插在一起，形成的垂直隔墙形状各异、光泽丰富。材料包括半透明或全透明的磨砂玻璃、活性边或深浅不一的木材。

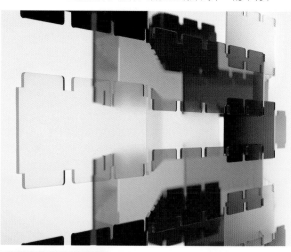

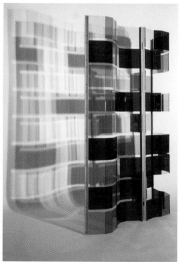

室内设计就像私人定制，让使用者空间实现个性化。混搭又是另一个特色，将定制化和使用性结为一体，让各个物件为使用者发挥更好的作用。

家具的使用将室内空间分为工作、休息、娱乐等不同的功能区域。我们使用的物件让空间充满活力，并能密切支持我们的生活活动。我们同家具和空间的互动，让我们有效地营造并利用一个充满意义感的环境。

混合式摇椅

设计是一项容不得半点马虎的工作。设计往往不是建立一个新的环境，而是改善我们已有的环境。当两件物体——摇椅和针线盒——融为一体时，你每次坐在折叠式摇椅上，都会重新定义"坐"这个动作，从而得到一种完全不一样的体验。这个混合式摇椅需要许多关键的设计策略，从重新调整物质状态到进行可持续的、符合伦理的设计实践。

设计师旨在打造不同寻常、更吸引人、更私人化的室内产品。定做产品的过程可以激发设计思维，并在设计改造中，对功能性、自发性和意义感进行思考。旧摇椅和针线盒，这两个不相关的物件不仅重新组合摇身变成了全新的设计——折叠摇椅，更丰富了材料的用途，显得玩味十足。摇椅的构成部件兼具时尚品位和结构功能，创造了一个形式有趣和使用便捷的新事物。设计者识别了使用者和摇椅的新关系，在摇椅设计中加入了旅行和迁徙的"流浪感"元素。

折叠摇椅
设计图

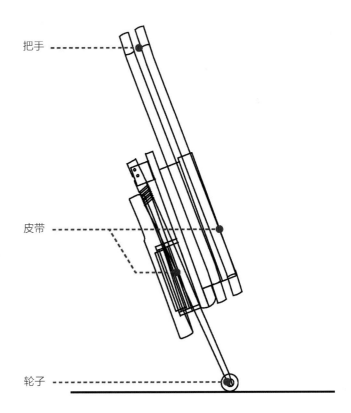

把手

皮带

轮子

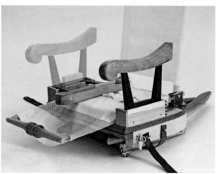
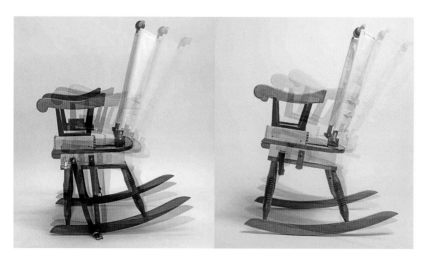

使用中的轮椅 ↑

摇椅的晃动带来一种互动感和摇摆感。

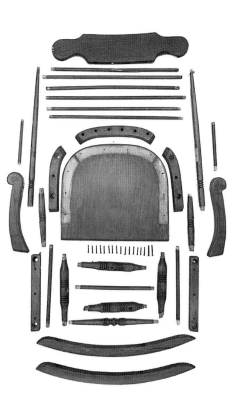

摇椅
拆解图

针线盒
拆解图

材料对照 ↑

　　材料对照可区分结构元素的软、硬，其中有木制框架、金属接合、靠背、座位上的织物。

第 23 节

建立资料簿

本节目标

· 建立材料资料簿
· 产品及材料分类
· 拜访厂商和供应商

大多数跑腿活儿都是为了研究和选定产品、材料和服务。跟进并了解最近的设计发展，需要积累大量的产品资料和样本，并记录重要的联系方式。创建你个人的产品和服务资料簿，能使你快速有效地组织资源。资料簿可随时翻看，这是重要的设计参考。

设计后期的大部分工作是选定和预定产品与服务。客户需要知道自己买了什么，因此需要提前准备产品资料和材料样品。一旦客户不满意你选择的材料，请及时提供替代方案。虽然在最初阶段可能不会向客户展示全部设计安排，但在向客户演示设计时，不论是铺地材料、电灯设备还是门用五金，设计师最好准备多种选择。

你应建立资料簿，着手收集尽可能多的资料，并按照以下步骤，将资料分门别类并整合进一个综合系统。当撰写客户要求书时，资料簿将是你重要的参考。

视觉参考 →

描述特定的饰面或特征时，插图和参考资料非常重要。

色盘 ←

样品和涂料样本用于选择色彩方案或营造色彩协调。

资料簿清单

产品资料　产品手册可以从网上下载并进行电子存档，以节省空间。若有需要，你也可以为客户索要一份打印版资料，保存在同一个文件名中。可通过参观商品交易会或向供应商请求资料订阅、提供资料修正和更新，从而保证手中资料的实时性。

样品　用档案盒保存织物和其他样品，用档案系统的序列为盒子贴上标签，以便找到样品对应的目录。你的很多样品将会用于样品板上，因此请定期更换。

产品参照　拼趣（Pinterest）、照片墙（Instagram）和雅虎网络相册（Flickr）都是优秀的网络资源，可以将信息归档、整理、组织成设计资源。这些参考资料对你在产品选择初级阶段有帮助，且对演示环节也非常有用。不停地往你的收藏中加入新的元素，这样你的文件就能随着每次项目的积累变得越来越丰富。

存档　↓

用档案盒保存样品，同时贴上了标签，方便查找使用。

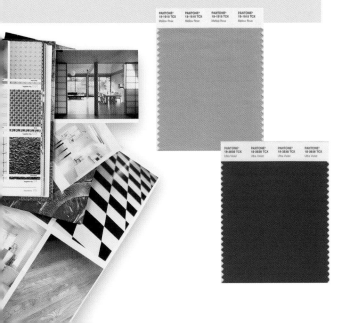

获取样品　↑

金属、木材、石头和层压饰面的样品可从供应商处获得。

第24节

编写客户要求书

本节目标

· 学会编写客户要求书
· 选择合适的产品与材料
· 满足客户要求

你可能会想，"要求书"必定是一些非常具体的要求。设计提案得到客户同意之后，便要着手写下一步设计工作可能涉及的方方面面。这份要求书是你、客户和承包人之间的合同。本节将会介绍如何书写客户要求书，并阐明一些注意事项。

在承包人拿到客户要求书参与招标之前，设计师必须要同客户再三确定客户要求书。由于任何对要求或细节的疏忽都可能会导致客户产生额外花销，并可能推迟实地工作，因此在准备客户要求书的阶段一定要非常仔细。尽管编写客户要求书没有特定的方式，但每个项目的要求有别，客户要求书也不同，因此，在整个思考过程中列清单是非常必要的。客户要求书的精确度和完整度会随着设计师的经验增长而愈发完美。做事一定要有条理，可以参考先前项目的客户要求书。

第一步

利用与客户开会讨论时做的笔记，将整个项目分成不同的阶段。这些阶段需要考虑到任何需要做出改变的房间或区域。从现存状况开始着手，列出在项目完工前需要改进的工作。对于每个房间或区域所需要的工作，都要用恰当的小标题分门别类地标注清楚，如准备工作、清除工作、工作范围、服务、饰面、细木工、装饰、固定装置、配件和电气。

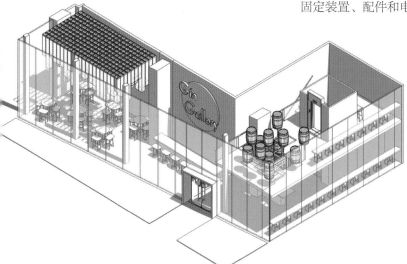

综合要求书 ←

附上平面布置图，说明所有的产品及其位置。向客户演示方案，得到客户认可，保证客户知晓这套设计所需要的花费。

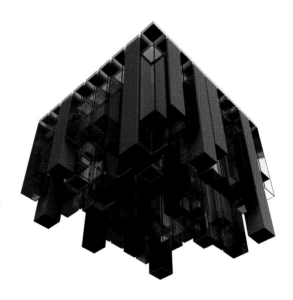

第二步

不论你是与建筑工人、管道工人、电气工人还是油漆工人一起工作，你都要说明工作的细节，并决定谁来执行这项工作。可按照小标题进行分工，如建筑工作有特定的要求，而家具布置又有另一种要求。

第三步

请保证每份客户要求书都以下列文字开头（可根据不同项目稍有调整），以确保设计工作符合标准。

定制元素 ↑

此图中的定制照明设备既是空间的设计亮点，也让定制型空间更加实用且别具一格。

"所有工作均严格遵守标准。本项目将按照国家规定和当地标准，保证提供最好的服务。"

"为保证工作的顺利开展，避免项目中断或返工，承包人应对项目进度提出建议，并同监管人员开展讨论，告知监管人员应提供材料或向承包人下发指示的最近日期。"

"承包人有责任始终确保施工场所安全、整洁，应保证某项工作完成之后，有合适的条件开展装修工作。"

图纸信息栏的右上角应注明：

"请勿改变大小。所有测量数据应与实际情况一一对照检查。若有任何差异，请向设计师或建筑师汇报。"

专业的演示　↑

　　一份专业的、精心准备的设计方案能提升客户对你的信心，并在项目进行期间促进你与客户建立良好的工作关系。

客户要求书变动

　　一旦客户要求书得到同意，其他任何改变或成本变动都应该由客户签署书面同意书。建议记录下在项目进行期间同客户开展的讨论。记笔记可以提醒你讨论的内容，强调、突出重要的考虑事项。将你的笔记文稿影印本以信函形式发送给客户，这样会让讨论更加有效率，也可以进一步检查你是否正确理解各项事务。

第 25 节

制作样板

本节目标

· 学会获取产品和样品
· 学会准备样板
· 理解如何演示最终方案

　　样板是将你所有的材料选择展示在一块板上，这激发了最终方案的形成。材料、饰面和产品的细节让你得以一览最终设计成果。你要学会如何选材、获材和制作样板。本节将介绍如何选择展示设计的最佳方法。

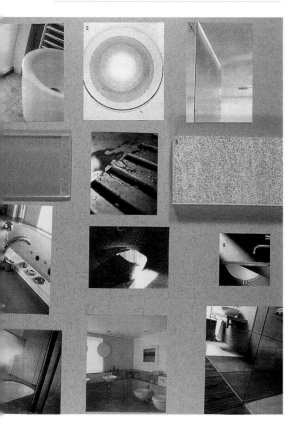

　　制作样板是一个创意十足的过程，可以将你的设计创意融入项目背景中。由于需要做出大量的选择和决定，因此你需要专注于将创意聚在一起。有效的材料演示将有助于你构建设计方案。

　　制作样板从地板、墙壁、楼梯和天花板的加工着手。这些是室内环境的主要构成部分，需要最先得到解决，在打造室内的总体氛围时，应综合考虑颜色、质感、灯光和形状。请记住，各个材料之间的关系应该与室内总体感觉相搭。要记录你的选材以及选材原因。为进一步激发空间创意，你应收集一些表达了你想要的空间感的参考资料。在同客户讨论潜在想法时，这些资料和图片将大有帮助。设计是一种视觉语言，你应该随时都有能表达你创意的视觉参考。要避免画面较乱的图片，如广告或日常生活图片。这些现成图片包含的信息和内容并不能为你所用。请选择简单的建筑影像，以便更具体地体现你希望营造的空间质量。

样品情境化 ←

　　展示样品时一并附上图例解释，介绍产品的效果和功能。

接下来你要思考如何有效营造室内灯光效果。请使用那些对设计方案有促进作用的灯具。可在市场上搜寻不同类型和规格的灯具。咨询灯具公司，向他们展示你的工作简案，阐述你想营造的灯光效果，这是同业内人士建立联系的好方法，同时还能让你更加习惯以设计师的身份与别人打交道。至于设计方案的细节部分，你应该考虑所有家具、固定装置和装饰物。你对产品的选择应与对材料的选择对应。

专题研究

按照前面给出的指导，为居住空间或商用空间制造样板。选择一处你能进入的空间，感受室内的物理特性。若选择了居住空间，你应决定要做出何种改变，使用何种材料能改善空间；若选择商用空间，则要通过提出新的家具、储存和灯光方案，试着对眼前的公司环境进行改造、重装。

过程

制作一块广告纸板大小的样板，利用参考图片、材料样品、灯光以及你选择的家具产品图，说明室内设计方案的大体感觉。粘贴样品和图片时，相似的种类分为一组，如灯光、家具、墙、地板等。为产品贴上标签和对应的文字，用于解释它们为空间带来的整体感觉。向朋友(假想客户)展示你的样板，获得反馈。

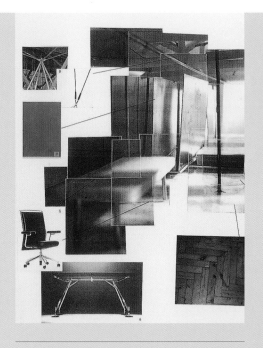

印象派演示 ↑

用创意十足的蒙太奇手法剪辑拼叠成一块样板，表达了室内的材料特性。

纯色样品 →

　　简约的样板可以保护材料免受不必要的图像的干扰，体现了纯粹的物理特性。

线性演示 ↓

　　将材料和参考资料作为线性信息元素，简单地展示在样板上。

案例分析 7：大型住宅

工作简案

新伴侣入住，扩大住宅空间，添加额外储藏空间，定制家具，提供生活方案。

预算： 多（房主为市区银行家，刚找到新伴侣）

设计： 佛斯特公司

简单和实用是改造这个大型公寓的起点。为满足工作简案的要求，增加储存空间成了设计的驱动力。本案例分析表明，一个项目在打造一个符合人体工学和高度实用的生活环境的同时，也能实现其他多种效果。

楔形储存

本项目的实际问题应该是需要创意十足、别出心裁的解决方案。扩大储存空间是本住宅改造的核心诉求，原本只是单身银行家独自居住，现在需要改造成两人居住。设计师设计了两件楔形储存柜，刚好放入 3.3 米高的空间中。这两件储存柜都放在靠近门的位置，第一件在主要生活区形成了二级门厅，另一件则摆放于主卧（带浴室的卧室）门口附近，利落整齐。

空间隔离 ↓

卧室的储存空间利用了入口周围的死角，在休息区和洗浴区之间建立了厚厚的隔离，所配置的幽暗的地板灯从柜底透出黄色灯光，隔离柜被微微抬离地板。

深核桃木饰面位于上层的奶油色塑料层压材料和底层的黄色条形照明灯之间。

设计细节

　　柜子的外壳和架子由中等密度纤维板组成，柜门饰面为18毫米厚的桦树胶合板。垂直厚板则由18毫米厚的中等密度纤维板组成，与美国黑核桃木薄片和奶油色塑料薄片层层叠压。盖垫则套上了棕色软皮垫，辅之以低压下射灯和幽暗的荧光灯营造灯光效果。所有木材表面均刷上了清亮的蜡油。

平滑的垫衬物　↑

　　套上巧克力棕色皮套的盖垫同深色核桃木完美融合，硬面与软面的搭配打造出平整的饰面效果。

多功能储存柜　↑

　　楔形储存柜既可摆放物件，又满足了收纳杂物的要求。

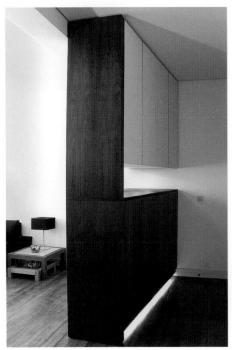

多功能区 ↓

在干净直线和几何形状的基础上，该楔形柜响应了该仓库型公寓的风格，同时保留了艺术家具的独特个性，营造了颜色、质感、饰面和功能的对比，改进了日常居住体验。

第一印象 ↑

组装、安置、嵌入线形结构元素，创造储存空间、隔离和展示平台。放置于入口的柜子，分隔出了二级门厅，在门口打造出了一处收纳与展示的空间，使门厅与生活区域之间有明确划分。

定制家具

为与楔形储存柜和谐统一，设计师又为家庭娱乐和收纳设计了一系列家具，包括酒水柜、电视柜以及音箱柜。这些定制物件设计谨慎、功能实用，分别从不同元素中吸取了灵感，如几何学、拼图和中国的漆盒。这些物件都是由简单的厚板组成，随着表面材料的变化，功能也有所区别，打开之后就能发现所使用的五金材料。这些家具表面由桦木胶合板（Buffalo board）构成——一种给卡车做衬里的普通胶合板，一面粗糙一面光滑。更多细节还有亚克力板普拉达式标签、不锈钢推闩和磁性配件。鉴于工作简案明确、实际，因此设计团队能够满足客户要求，创新、简易的设计符合当下潮流。

流线型 →

这件家具关起来时，所有表面完全齐平，表面材料细微的变化，可以帮助使用者定位到隐藏式储存隔间。

功能细节 →

储存柜外观线条清晰，表面光滑。量身定做的储存柜是供客户收纳娱乐用具的。

灵活性 ↑

这些家具既可横放，也可竖放，推开磁门后钢闩松开，储存柜便打开了。打开柜子的方式有很多种，如向上、向下、侧开或像打开抽屉般拉开，这种灵活性为设计精良的家具又添加了一分美感。

储存设备 ↓

系列家具在设计上美观、利落、紧凑，满足了收纳音箱、电视、酒水的需要。流线型的家具兼具功能性和实用性，为家庭娱乐工具的储存提供了新的解决方案。

时尚的亚克力板为材料接合处的边边角角增添了细节。由桦木胶合板组成的家具表面手感极好。

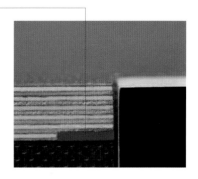

案例分析 8：生活要有仪式感

工作简案

打造一处富有想象力、现代的居住空间，将日常生活变得极具美感

预算：多（房主为大学历史讲师）

设计：普鲁克特 - 力豪建筑公司

不知从何时起，设计师开始挑战我们的传统生活方式，只要我们想做出改变，设计师就会提出新的想法。在本案例分析中，两位才思敏捷的建筑师着手打造一处居住空间，探索在这个空间中可进行的各项活动，并将其转变成极具审美性的奢华的生活体验。设计师通过对灯光、空间、材料的巧妙运用，将重新塑造家与居住者之间的关系。

设计策略

此处住宅像鸟巢般坐落在传统住宅之间，极具线条感。切片式住宅体现了设计策略的重要性。该建筑的两位建筑师从项目初期就遇到了许多限制性因素，从空间限制到发明、测试新型建筑技巧。工作简案非常具有挑战性，但要求明确：不需要奢华浮夸的材料，只要宽敞开阔的空间。这样就导致有一些生活空间并不符合传统横向、纵向的理念。设计策略便主要依托于营造空间扭曲和空间错觉，根据观看者所站的位置不同，空间中倾斜的墙壁会呈现出折叠或展开的不同效果。这种体验让我们对空间产生了一个不可思议的认识，使得该地原本狭窄的空间立即显得宽阔紧凑。

周围环境 ↑

该切片式住宅坐落在某住宅区的一角。空间俯视图展示了它的线性特征和同周围建筑相比的大小。

长剖面图 ↓

切片式住宅上下层空间的关系展示。

泳池　客房　卧室

客厅　餐厅　厨房　花园　车库

空间碰撞

切片式住宅的线性特征使得连续性空间给人一种深度感，视线所及之处远非房子坐落之处。走进房子，我们首先到达客厅，接着是厨房，房子入口将室内与室外的花园景色相连。在家中活动不会让人感觉到与世隔绝，因为有时我们能抬头看看上方的景色，也能跳进泳池俯瞰客厅空间，享受空间的层层叠合。这些创意由

定制的家具组件支撑。7 米长的厨房柜台其实是一块连续性的钢制厚板，两端各包含一张 2 米长的悬臂式桌子，一张为餐桌，另一张则放置在庭院中。就餐时，这块厚厚的钢板从低处的餐桌区延展到高处的工作台。一个定制的不锈钢水槽则嵌入中间的三角形过渡区域内。

玻璃水箱式泳池　↓

泳池将人在水中的活动展示给楼下，人悬在半空，仿佛在挑战地心引力的作用。在墙壁的支撑下，玻璃水箱隐藏了它的结构，给人一种悬在半空的感觉。在视觉上，游泳池为空间带来了光线、色彩和活力。

由于各个部分的功能不一样，这张连续性的钢板明确了餐厅、厨房和花园区域桌子的不同功能。

视觉效果 ←

在空间中引入大件的艺术品，打破了室内墙壁的一贯性，分隔了室内空间，又没有产生物理隔断。

楼梯 ←

该楼梯为一张 8 毫米厚的钢板，钢板被折叠成了手风琴形状，分段焊接在底盘梁板上。薄钢板是浅灰色的，与露出的茄色底面形成鲜明对比。

设计细节经过精心考虑，在建筑元素中添加了一些固定装置和配件。

室外生活 →

室内庭院种上几棵异国情调十足的棕榈树，从视觉上营造了房子高低起伏、大小变化的感觉。

多功能金属格栅 ↓

窗户上、庭院中和阳台上的金属格栅有多种功能。它们既保障了安全，又可作为百叶窗，将光过滤后引入空间。在美学上，灯光效果让整个建筑如棱镜般通透，为室内营造出了一种透明质感。

框架

房子内部的每处区域都设计得玩味十足。这些框架作为结构工具，能够捕获许多戏剧性时刻。位于上层的泳池是营造氛围感的主要元素，它看起来就像一块漂浮的立方体。泳池投入使用时，会分散室内观看者的注意力。在白天，泳池犹如光照过滤器，随光线变化，水面产生不同的涟漪效果，在夜间，随着泳池灯光亮起，它又变成了大型的照明装置。倾斜的天花板、走廊提供了不同的视角，折叠墙和悬浮梯作为重要的组成部分，为这处非凡的现代住宅增添了丰富的设计词汇。

光线分布 → ↑

　　阳光透过庭院、百叶窗，穿过上层、玻璃材质的泳池，进入室内。打孔般设计的窗户彼此分开，形成光池，避免自然光线一涌而入，毫无特色。这些窗户的位置高低错落，以意想不到的方式将光线和景色引入室内。

上层走廊 ↓

　　利用室内的庭院景色，在光线进入庭院之前，在上层的悬臂式走廊创造了光线和玻璃的线条之旅。向下倾斜高度刚好超过 1.8 米的走廊斜坡，形成了对卧室的强迫透视，使得卧室的私人区域远离社交区域。

第五章

专业实践

专业实践专注于将设计技能融合成一套设计作品集。这套设计作品集不仅能表达个人态度，还能体现做出完美设计选择的艺术才能和艺术偏好。在求职或为客户提供参考时，一套设计作品集必不可少，它还可作为你的工作业绩概述，助你学习精进或求职成功。

本章将介绍的主要技能包括个人演示、设计传达以及重中之重的设计评估。

第 26 节

准备设计作品集

本节目标

· 按职业标准完成全套项目
· 学会准备、编辑，以及尝试采用不同方式制作最佳设计作品集
· 向客户或未来雇主展示个人作品

设计作品集是你最重要的资源之一，它将你迄今为止最好的设计作品集于一体，体现了你的思考方式并可吸引他人关注你的创意，也能证明你有做出并传达设计决定的能力。本节将会带领你学习、反省至今所做的设计工作，并引导你批判性思考设计作品集的展示。请记住，你要使用一种视觉语言来传达、表达你的创意，所以一定要保证清楚明了。

设计作品集是你的职业形象。无论用于求职或求学，还是向潜在客户展示设计理念，它都是促进你发展的重要工具。

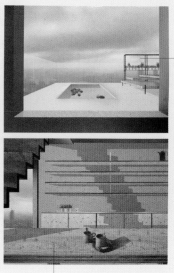

充分展示 ↑

设计提案的关键视图传达出最终设计效果。此处的三张图片比例大小不一，旨在强调城市高层居住体验。

开放式厨房享有低层景色，同时又被高层活动环绕。

室外泳池将视线向远处延伸，站在阶梯上，城市的震撼美景尽收眼底。

版式

设计作品集的版式应保持一致。每一页的排版都应该相同，要么横着排版，要么竖着排版，偶尔会有些项目可能需要通过不同的方式展示。由于大部分内容都要用横跨两面的版式，因此设计作品集时要确保它们放置于跨页中。

内容

大多数作品在放入作品集时都需要进行编辑。作品无须面面俱到，只需精选一些拿得出手的、最好的项目：也就是那些富有创意的、技术高超的、颠覆传统的或生动有趣的作品。

信息与注释

思考图片与文字的关系。在图片旁添加释文或项目信息，文字可起到说明和解释图片的作用。但有时，文字也会分散人的注意力，与图片契合度不高，让人注意力不在图片上。

分割线

分割线是页面布局和结构最基本且最重要的工具，不仅可以辅助图片和文字的说明，对建立演示语言或叙述也很重要。

串联图版　→

确保在串联图版上展开页面布局。这样既可体现页码顺序，也能帮你决定各项内容的位置、大小，并体现重要关系的整体设计。

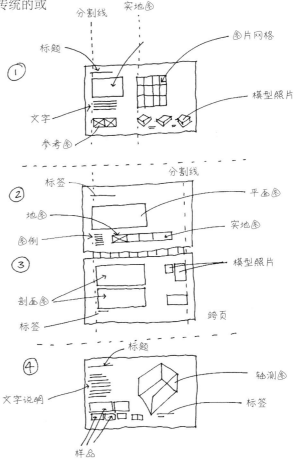

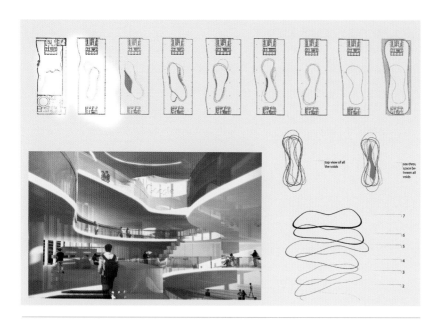

白日幻想 ↑

仅仅通过此起彼伏的空间设计，工作环境就得到了大大的改善。设计策略通过扩展视平线、视图和视线将不同设计团队联系在一起，并提供了在办公桌外白日幻想的可能性。

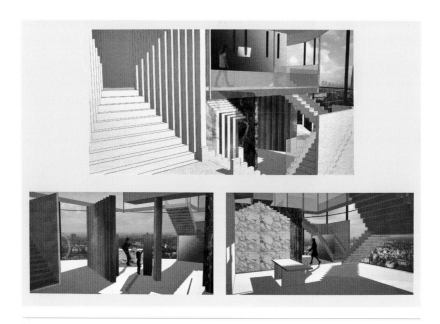

化繁为简 ↑

此几何空间内部的框架结构夸大了透视图效果，探索了空间的前景后景，颜色的使用突出了重要特征。

第 27 节

制作简历及附函

本节目标

· 学会理清目标和任务
· 展现个人职业素养与能力
· 学习如何设计个人陈述

简历是潜在雇主对你的第一印象，初识你的技能、能力和经验。不论在求职还是在求学方面，一份精心准备的、符合职业要求的简历都能增加成功的概率。本节将会介绍如何制作一份能提升自信并大大提高成功概率的简历。

准备

在开始制作简历前，你先花点时间厘清自己的目标和任务，专注于申请，努力让简历的制作与预想结果相符。针对具体的工作机会和雇主，仔细考虑你的职业方向，向你感兴趣的公司致电，询问他们的招聘要求。你的技能和能力是否与你感兴趣的工作的要求相匹配，这一点非常重要。自己可以先进行模拟测试，思考雇主选择你的理由。

制作简历

制作简历时的目标是保证获得面试的机会，这就意味着要扬长避短。简历中要避免使用消极或被动的词语，如"一些经验"或"帮助、协助"，而要使用积极词汇，如"发展""调查""监管"或"组织"。

精心选择

记住，简历是要提供工作所要求的信息，而非你迄今为止的生活故事，要列出最近、最相关的经验，内容要精心选择、清晰简明，保证简历的专业、高效。删除无关信息，突出重要信息。随时调整简历信息，以适应不同工作职位。别害怕夸大自己的成功——自信、强大的求职者会让雇主消除疑虑。最重要的是，一定要认真检查简历是否有错字和病句。

版式

简历的版式多种多样，因此编写的方式也不尽相同。最传统的版式就是按时间顺序制作的简历，可以根据自己的风格进行调整。这种版式列出了个人信息、教育背景、资质、技能、成就和兴趣。一份以技能为基础的简历对于强调生活和工作经历更加有效，通过识别这些技能的属性，将重要的技能按不同模块进行分门别类，如技术技能、管理技能、团队合作技能和时间管理技能。这些技能正是潜在雇主所需的。

简历展示

你的简历应该极具美感。有调查显示，一份简历80%靠的是展示，剩下20%才是内容。人才市场竞争非常激烈，一位潜在雇主可以选择的求职者非常多。从雇主角度而言，第一步就是剔除不合格的应聘者。一份制作粗糙的简历很容易遭到淘汰，因此你的简历必须营造出视觉冲击力，字体要既清楚又吸引人，内容要强调重要的信息点，以使雇主注意到你具备的重要技能和获得的成果。如若可能，可以在简历中插入图片，即使只添加个人标志或信头，都能让这份文件具有视觉亮点，并且能应用到所有信函中，还可以加强职业可信度。小到纸质和印刷质量，简历的每个细节都能被注意到。请记住，简历是你给人的初次印象，因此要保证制作精良。

附函

每次发简历时都需要随发附函。信函属于私人通信，因此请避免使用"尊敬的先生或女士"这样的称谓，你只需打一通电话就能询问到相应联系人的名字。在信的开头，需要说明申请的职位和申请的理由。若你是在招聘广告中看到的招聘信，则应注明应聘职位名称以及看到广告投放的地点。若只是一封不针对具体职位的随函，则应在其中表明你目前所处的工作职位或学习阶段。随函剩下的内容则应体现你对该公司及其工作的背景调查。提供符合该公司需要的、你获得的具体成果，表达你渴望、有兴趣加入该公司工作的意愿。

将你的简历看成是推销自己的有效途径，也就是你自己的广告。在总结个人履历的同时，你应该努力呈现精简、清晰、吸引人的效果，积极地展现自己。一份高效的简历不应超过两页纸，最好控制在一页以内。

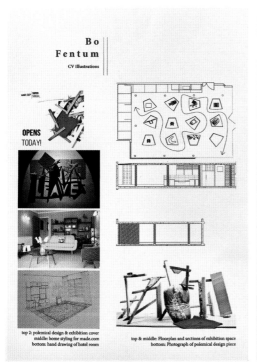

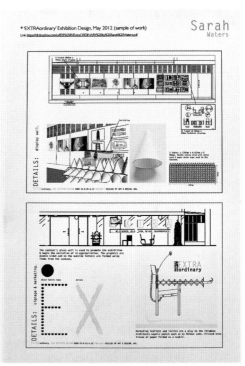

突出亮点 ↑

除了简历和附函，你也可以随函寄去一些你的作品图片。这样会更加吸引人，助你脱颖而出。

第 28 节

设计角色

本节目标

· 理解不同设计角色
· 深入理解设计这一职业
· 学习与设计角色相关的术语

完成一个设计项目需要许多行业专业人士的贡献。首先客户让整个项目成为可能；其次，设计团队让设计理念变得可行；最后，各个分包商让方案得以实施，成为现实。本节将尝试解析设计工作，并思考完成一个设计项目需要的各种成员。

团队合作 ↓

设计通常是一项团队任务，因此你会是团队中的一员——即便是自由设计师也不例外。要建立良好的团队关系，投入团队工作——团队成功与你的成功息息相关。

处理一个项目既振奋人心，又收获巨大。由于设计师需要与不同行业的专业人士打交道，因此其实设计从某些方面来说是一项社交活动。任何项目都要依靠团队合作，因此组建合适的团队，以获得最佳结果是非常重要的。

客户

客户有可能是单个人或一家公司、一个政府机构或其他组织。拆解工作后你会发现客户是项目中最重要的一环，处于层级结构的顶端。有了客户才会有项目，客户对整个项目拥有最终决定权。所有关于设计的决定都需要告知客户，并且在客户同意后才能实施。

设计师、设计团队

作为一名设计师，在设计过程中你可能需要扮演不同的角色，承担不同的责任。你可能是引导者、译者、外交官和主管，将客户的期望转化成一份条理清晰、高效可行的设计解决方案。一旦接手设计项目，设计师、设计团队便要遵守设计行为职业准则。在设计师、设计团队有了原始设计草案后，接下来就需要对接物料经理。

会议 ↑

会议是抉择过程的重要程序，特别在大型项目中其作用尤其明显，良好的沟通使得信息随项目进程顺畅传递。

物料经理

物料经理或采购经理，也叫工料测量师，负责研究建筑和工程图纸及规格，从而确定物料清单，该清单需要列出保证能够最高效完成设计提案的单个零件。该人员需要核对设计调整，以预估它们对花费的影响，可能还需要为客户准备月度现金流预测和税务折旧表单。物料经理是大型设计项目的标配，至于小型项目，按小时雇用一名则可。

总承包商

总承包商直接对客户和设计团队负责，也要同物料经理共同工作。总承包商的工作包括把实地施工的花费控制在预算之内，还负责将工作分包给专业的分承包商。这可由总承包商自行决定，也可由三方（总承包商、设计师和团队、客户）共同决定。

专业顾问

专业顾问负责在技术知识领域为设计师提供建议，包括机械、电热、通风、电器设备、照明和信息技术（产品与服务）；结构工程师则可对结构性变化和对建筑物的主要改变提出建议。

1. 小型项目

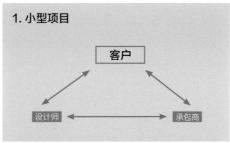

2. 管理承包

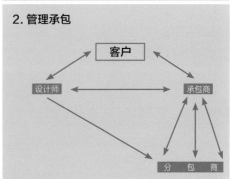

3. 施工管理

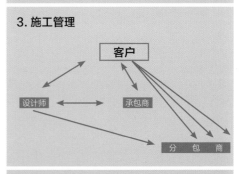

工作方式

1. 最简单的项目需要设计师和承包商向客户汇报。

2. 大型项目中理论上要求总承包商向分包商介绍基本信息。

3. 从客户的角度而言，最不希望的就是向各方人员进行信息介绍。

第 29 节

设计行业

本节目标

· 了解设计行业
· 调查市场
· 学会自我推销

进入设计行业工作可能是你的最终目标，但在你走到这一步前，你需要对这个领域进行调查，和专业人士见面并获取建议，并在业内建立起人脉。准备过程需要耗费时间、精力，而一旦你在业内站稳了脚跟，那在你前方就有无限可能。本节将会介绍一些重要行业指南，帮助你着手进入室内设计领域，其中全面覆盖了寻找潜在雇主、就业途径和市场攻略等相关内容。

从哪里开始？

开始阶段往往既让人兴奋，又让人气馁，但找工作的过程可以让人开阔眼界。了解行业的本质、雇主的态度和习惯竞争激烈的工作环境，这是个艰难的学习过程，但你要记住万事开头难，前进的路上必然挑战重重，但结果却令你收获颇丰。

多学科性 ↓

作为一名室内设计师，了解不同设计领域非常必要，包括物件设计、产品设计和家具设计。

室内设计师做什么？

这个问题尽管听起来很简单，但室内设计师的具体角色却令人疑惑重重。室内设计是一个没有归属的学科，介于产品设计和建筑学之间。可是这也有一定的好处，设计师有许多就业选择，包括装修与造型打造、舞台或布景设计、零售和商业设计、展会设计、住宅设计和房地产开发、家具设计与翻新、景观设计与建筑。

室内设计师需要具备何种技能?

设计师的角色比较复杂,需要许多社交技巧。大体而言,设计师是项目的引导者,通过他与各方的顺畅交流,可建立良好的工作关系,让项目成为可能。在当下的设计环境中,许多设计师习惯于用多种方式工作。与其他富有创造力的人协作能为你带来其他行业的机会,如美术或产品设计师、建筑师或艺术家。由于客户常常要求一个项目中要有不同行业的人员参与,因此这些关系极其有益。

室内设计师如何获得工作?

现在大多数人找工作都是通过网络。

室内设计岗位的广告较少,因此必须自己深度发掘。成交量巨大的大型公司通常会有职位空缺,因此向这些公司咨询不失为一个好主意;在小公司里工作能让设计师更加负责,并与公司建立更加亲密的关系。不论你做出什么选择,在成为自由设计师或创建工作室之前,你都应在公司工作至少一年,以学习重要技能,理解设计师的工作方式,并建立信心。请牢记设计师有许多东西需要学习,不论是有偿或是无偿工作,都要从中积累尽可能多的经验。创建工作室前在公司工作,在某种程度上可以让别人为自己的错误买单!

多样性 ←↓

商业设计行业向设计师敞开大门、提供多种环境,并提出各种要求。

做自由设计师还是创建工作室?

　　成为一名自由设计师和创建工作室在许多方面都是类似的。创建工作室可以看成是自由设计师的进一步发展,因此做出的承诺会更大。最好的选择是先以自由设计师的身份工作,一旦完成一些项目后,再开始创建工作室。

自由设计师

优点

· 运营成本低,在家工作。

· 可以省去一些税费,如电话费。

· 使用自己的银行账户,避免商业银行收费。

· 随心所欲接项目。

缺点

· 家庭生活和工作在时间、空间方面发生冲突。

· 工作时间不稳定——工作量时大时小,工作时忙时闲。

· 工作、样品、手册占据家中空间,造成混乱。

· 需要和受雇设计师或经营工作室的同行竞争,努力和他们一样专业。

创建工作室

优点

· 显得更专业。

· 同客户在工作室见面。

· 更好掌控工作。

· 同供应商展开交易更加便捷。

· 开通企业银行账户,享受透支便利。

· 工作时间稳定,工作一天之后可以暂时放下工作。

· 与商业伙伴合作(技能互补更可取),共同做出决定、承担压力。

缺点

· 记账更加复杂,会计收费更高。

· 经营工作室的运营成本更高。

设计师如何在业内建立人脉？

设计界很小。一旦你进入这个行业工作，你就能迅速接触到其他设计师，了解到大多数的设计公司和工作室。尽可能提升自己的知名度能带来许多好处。机会总是在不经意间来到你的身边。最初阶段，可以通过参加竞赛、制作设计作品集来增加曝光度。当拜访潜在雇主时，请制作一份营销包，内容包括你的最佳设计案例和一份简历（参见第 27 节 "制作简历及附函"）。交谈是建立工作关系、交换理念和建立人脉的最佳方式。可以通过逛展览、加入成员组织，创造非正式会面的机会。当你持观望态度时，需要参观博物馆、画廊，阅读设计杂志、贸易杂志，并持续输出作品，让自己与时俱进。热情、果断和自信终将有所回报。这过程可能缓慢——但别轻易放弃！

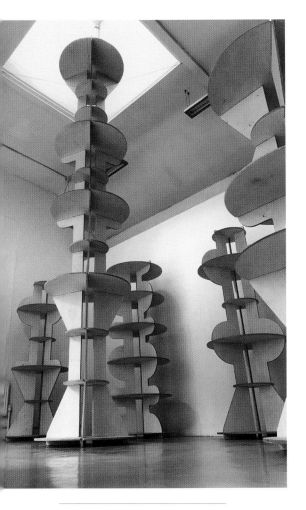

多样化　↑

设计项目多种多样，从整体环境布置到定制家具设计，均有覆盖。

专业培训、鉴定和注册

室内设计教育的标准是获得经室内设计教育研究基金会（Foundation for Interior Design Education Research）认证的大学的学士学位。想要成为全球认证设计师，必须通过室内设计认证委员会（National Council for Interior Design Qualifying）的考试。

第 **30** 节

创建工作室

本节目标

· 制定商业战略
· 权衡利弊
· 建立良好的技术基础

交流 ↑

从团队成员到客户,设计师应和每个人保持交流。

如果你是自由设计师,那么你就有足够的灵活性,既可开展个人业务,也可为工作室工作,还可以建立自己的工作室。一旦你成为老板就意味着挑起担子——你必须条理清楚、工作高效,并准备好为高利润接受赞美,也为低收入承担责任。本节将会讨论自己建立工作室的利弊,并提供一些在此过程中你将需要的实用技能。

专业经验

等到你创建自己的工作室时,你需要自信,不仅要相信自己作为设计师有专业技能,更要相信自己能够成功创业。在建立工作室前,为设计公司工作的经验对于创建工作室来说十分宝贵。为不同的公司工作,小到设计事务所,大到行业巨头,都能让你更加清楚你想要如何管理自己的公司,即使你先前开展过个人业务,但通过在公司工作,你能明白公司的运营方式。

寻找客户

一份好的设计作品集能够启发客户,但首先你要找到客户。由于客户常常是通过身边人的各种推荐获得的,所以大家的口口相传对你获得客户大有好处,因此你要告知所有认识的人你目前的设计师身份。

通过供应商和陈列厅推销自己。在相关的商店中留下名片和传单，在电话簿里登记工作室电话，在设计交易杂志上为自己的服务打广告，向界内人士介绍自己，越多越好。招募中介和设计组织是快速开展工作并在市场获得一席之地的好方法。

建立公司形象

运行良好的设计公司应该有良好的公司形象，客户选择这家公司是由于他们认同公司的设计语言。若你行事风格很强硬，那么就用这种方式管理公司，这更可能让你在业内名声大振。潜在客户很可能将这种强硬视为你的工作优势，在雇佣你时会对你更具信心。若你喜欢开展许多不同的项目，则在吸引新客户时也可以利用这点

展示 ↑

通过向同行、客户展示你的作品与观众互动。

优势。由于每个项目都会带来不同的设计可能，所以迎接设计项目中会遇到的挑战并享受这个过程很重要，但也应该制定策略。短期而言，对所有项目来者不拒常常可以拓宽设计师的设计经验，但随着经验的积累，你便会发现总做相同的工作并不能带来更多启发。长期而言，你要拒绝那些不适合的设计工作，因为类似的项目会让你在某个领域止步不前，而这些与你创建工作室的初衷和你的志向不符。

所需技能

自由设计师需要解读客户需求并将各种需求融为一体。每个项目都有所不同，更重要的是，世界上没有相同的两个客户。你很快就会发现项目的成功与否取决于你与客户是否相处融洽。因此，在最初阶段，你需要听取客户的想法，和客户交流你的设计方案。设计和建筑行业由许多部分构成，若经营自己的工作室，对所有领域均有所了解自然是最理想的。然而，对自己的优势和团队角色做出正确评价也是很好的品质。尽管你不需要具备建筑承包商的专业知识，但理解并能够表达出技术存在的限制和可能会带来的结果也是一项优势。

你的知识储备会随着工作经验积累而越来越多，同时你也不必害怕咨询专业人士，热心的承包商会很乐意为你提供意见。若客户的问题令你感觉比较尴尬，你只需告诉他们你会做调查，之后再向他们反馈。

付诸实践

创建工作室这事听起来激动人心、轻松自由，但其中并不全充满着魅力和光彩。这个过程中还会有许多单调的工作，你需要具备多种品质才能让工作室运营起来。在最初阶段不必担心妥协或寻求一条折中之路，但请做好开展"无聊工作"的准备。

在商业中，通才是一项明显的优势，但人无完人，总有优缺点。请保证对自己的优缺点了然于心，明白自己不能做什么，任用有能力的人，充分发挥团队协作的力量。

与时俱进 ↑

通过参加展览、展会等活动，与设计行情保持同步。

室内设计组织

美国室内设计师协会（American Society of Interior Designers, ASID）

美国室内设计师协会是美国两所重要的室内设计专业组织之一，另一所为国际室内设计协会（International Interior Design Association IIDA），关于该组织后面有详细介绍。美国室内设计师协会现有 38 000 名成员，致力于通过教育、宣传、建立社区和外展服务促进室内设计行业发展。

地址：美国华盛顿哥伦比亚特区西北区第 15 街 1152 号 910 室

邮政编码：20005

网址：www.asid.rog

英国室内设计协会（British Institute of Interior Design, BIID）

室内装修师与设计师协会（Interior Decorators and Designers Association, IDDA）与国际室内设计协会英国分会（International Interior Design Association, UK chapter, IIDA）于 2002 年合并为英国室内设计协会，该专业组织致力于提高从业人员职业水平，提供课程信息、成员链接和学生会员。

地址：英国伦敦 Bonhill 街 9 号

邮政编码：EC2A 4PE

网址：www.biid.org.uk

英国室内纺织协会（British Interior Textiles Association, BITA）

该协会代表着英国纺织界，并促进室内装修与纺织贸易的发展。线上产品与供应指南很有用处，并随附潮流指南。

地址：英国米尔顿凯恩斯沃尔弗顿沃克大道第 21 节

邮政编码：MK12 5TW

网址：www.interiortextiles.co.uk

特许设计师协会（The Chartered Society of Designers, CSD）

特许设计师协会是世界上最大的专业设计师特许协会，其独特处在于其代表了所有学科的设计师。特许设计师协会持有英国皇家特许状，因此其成员都有最高的职业标准。如此，该协会旨在确保并促进它的设计师专业机构身份，并站在整个行业和大众的角度，严格规范设计师行为。

地址：英国伦敦伯蒙塞皇家橡树园雪松庭 1 号

邮政编码：SE1 3GA

网址：www.csd.org.uk

设计师之家（Designers4Deisgners）

设计师之家是一所备受尊崇的招聘中介，只专注于室内设计工作。

地址：英国伦敦斯特兰德南区萨默塞特府

邮政编码：WC2R 1LA

网址：www.designers4designers.co.uk

国际室内设计协会（The International Interior Design Association, IIDA）

该协会是一个专业沟通平台和教育协会，在 9 个地区有超过 15 000 名成员，30 个分会遍布全球。国际室内设计协会致力于通过优良设计提升生活品质，通过知识促进设计发展。

地址：美国伊利诺伊州芝加哥市沃克东道 111 号 222 室

邮政编码：60601

网址：www.iida.org

美国室内设计认证委员会（National Council for Interior Design Qualification, Inc., NCIDQ）

该委员会使用自命题的考试认证北美的设计师。通过该委员会的考试，是美国许多州注册设计师的要求，也是每位设计师申请专业会员的要求。

地址：美国弗吉尼亚州亚历山大市雷尼克司路 225 号 210 室

邮政编码：22314

网址：www.cidq.org

资料来源

[1] Adler, David, and Tutt, Patricia, eds. *New Metric Handbook: Planning and Design Data*. Architectural Press (1992).

[2] Ashcroft, Roland. *Construction for Interior Designers* (2nd Edition). Routledge, Taylor & Francis (1992).

[3] Baden-Powell, Charlotte. *Architect's Pocket Book* (5th Edition). Architectural Press (2001).

[4] Buxton, Pamela. *Metric Handbook, Planning and Design Data* (6th Edition). Architectural Press (1999) .

[5] Ching, Francis. *Architectural Graphics* (6th Edition). Wiley .

[6] Ching, Francis.*Design Drawing*(2nd Edition). Wiley .

[7] Ching, Francis. *Interior Design Illustrated*. Ching, Francis and Binggeli, Corky .

[8] Gaventa, Sarah. *Concrete Design*. Mitchell Beazley (2001) .

[9] Georman, Jean. *Detailing Light: Integrated Lighting Solutions for Residential and Contract Design*. Whitney Library of Design (1995) .

[10] Hohauser, Sanford. *Architectural and Interior Models* (2nd Edition). Van Nostrand Reinhold (1982) .

[11] Itten, Johannes. *The Art of Color: The Subjective Experience and Objective Rationale of Color*.Van Norstrand Reinhold (1961).

[12] Jiricna, Eva. *Staircases*. Laurence King Publishing (2001) .

[13] Kilmer and Kilmer. *Designing Interiors*(2nd Edition). Wiley .

[14] Martin, Cat. *The Surface Texture Book*. Gardners Books (2005) .

[15] McGowan, Maryrose and Kruse, Kelsey. *Interior Graphic Standards*. John Wiley (2004) .

[16] Neufert, Ernst and Neufert, Peter. *Architect's Data* (3rd Edition)(4th Edition). Wiley-Blackwell .

[17] Nijsse, Rob. *Glass in Structures: Elements, Concepts, Designs*. Birkhauser (2003).

[18] Reekie, Fraser, revised by Tony McCarthy. *Reekie's Architectural Drawing*. Architectural Press (1995) .

[19] Szalapaj, Peter. *CAD Principles for Architectural Design: Analytic Approaches to Computational Representation of Architectural Form*. Architectural Press (2001) .

[20] Trudeau, N. *Professional Modelmaking: A Handbook of Techniques and Materials for*

Architects and Designers. Whitney Library of Design (1995).

[21] van Onna, Edwin. *Material World: Innovative Structures and Finishes for Interiors*. Birkhauser (2003).

[22] Yee, R. *Architectural Drawing: A Visual Compendium of Types and Methods*(4th Edition). Wiley (2004).

致谢

笔者和出版商感谢以下来自切尔西艺术与设计学院同学的贡献：

安娜贝尔·亚当斯（Annabel Adams）、派特鲁·艾斯提（Pietro Asti）、基恩·巴普提斯提（Jean Baptiste）、里奥·芭乐特（Leo Bartlett）、康斯坦斯·宾迪戈（Konstance Bindig）、奥拉·波拉（Ola Bola）、奥利佛·布朗（Oliver Brown）、尼基·布伦梅尔（Nikki Bruunmeyer）、托比·伯杰思（Toby Burgess）、安娜贝尔·坎贝尔（Annabelle Campbell）、卢斯·坎宁（Ruth Canning）、宝林·蔻特勒姆（Pauline Coatalem）、迈克尔·克拉格（Michel Colago）、丽萨·库伯（Lisa Cooper）、维尔·戴维森（Will Davidson）、夏洛特·德沃尔（Charlotte Dewar）、米凯拉·戴伦（Mikaela Dyhlen）、波·芬特姆（Bo Fentum）、奈特·格利萨利亚（Niti Gourisaria）、乌萨马·古尔萨（Ussmaa Gulsar）、千里子春山（Chisato Haruyama）、蒂芙尼·霍格（Tiffany Hogg）、塔姆辛·赫斯特（Tamsin Hurst）、卡罗琳·霍华德（Caroline Howard）、郭今村（Go Immamura）、杰辛达·琼斯（Jacinda Jones）、劳拉·卡拉姆（Laura Karam）、尼古拉·李克菲德（Nicola Lichfield）、梅琳达·利穆纳冯格（Melinda Limnavong）、林倩艺（Qianyi Lin）、劳卡斯·罗卡（Loucas Louca）、马萌希（Mengxi Ma）、卡伦·玛拉卡（Karen Malacarne）、劳拉·马修斯（Laura Matthews）、格伦·马侃斯（Glenn Mccance）、艾米·摩根（Amy Morgan）、丽萨·莫斯（Lisa Moss）、安妮卡·洛德布罗（Annika Nordblom）、玛塔·奥罗兹卡·帕迪拉（Marta Orozco Padilla）、哈雷·培里蒙特（Hayley Perriment）、莘梓亚·莉娜奥德（Cinzia Rinaudo）、艾莉娜·卢比奥（Elena Rubino）、真由美西岸（Mayumi Saigan）、阿比盖尔·司徒（Abigail Szeto）、田中广子（Hiroko Tanaka）、蒂娜·托利诺（Dina Tolino）、艾薇莉娜·瓦格纳（Ewelina Wagner）、鞠德·亚戈莫（Jood Yaghmour）、杨东紫（Dongzi Yang）。

感谢以下相关人员：
案例分析注释

凯蒂·杰克逊（Katie Jackson）和杰克逊·英戈汉姆（Jackson Ingham）建筑公司；约翰·菲德豪斯（John Fieldhouse）、布鲁克·菲德豪斯协会（Brooke Fieldhouse Associates）以及邓肯·麦克内尔成像工作室（Duncan McNeill Imaging）；克利斯·普鲁克特（Chris Procter）和费南德·力豪（Fernando Rihl）以及普鲁克特-力豪建筑公司（Procter-Rihl Architects）及马塞洛·努内斯（Marcelo Nunes）和苏艺·巴尔（Sue Barr）两位摄影师，以及佛斯特公司的瑞秋·佛斯特和乔纳森·佛斯特（Rachel and Jonathan Forster, Forster Inc.）。

模型制作

乔治·罗马·伊恩斯（George Rome Innes）、尼克·格蕾丝（Nick Grace）。

透视图

简妮·沙拉特（Janey Sharratt）。

照明

杰尼·费舍尔（Jayne Fisher）；天井有限公司（Atrium Ltd）的杰里米·菲尔丁（Jeremy Fielding）；简妮·沙拉特（Janey Sharratt）。

计算机辅助设计

安东尼·帕森斯（Anthony Parsons）、克利斯·普鲁克特（Chris Procter）和费南德·力豪（Fernando Rihl）、罗伯特·贝尔（Robert Bell）、萨利·威尔森（Sally Wilson）。

专业实践

瑞秋·佛斯特和乔纳森·佛斯特（Rachel and Jonathan Forster）、林达尔·菲尼（Lyndall Fernie）、斯图尔特·诺克（Stuart Knock）、克利斯·普鲁克特（Chris Procter）和费南德·力豪（Fernando Rihl）。

Quarto 出版集团仍想感谢下列人员为本书提供照片：

第 114 页左图：天井有限公司（Atrium Ltd），萨特勒（Sattler）；第 112 页下部结构图：天井有限公司（Atrium Ltd），凡·杜森（Van Duysen）；第 114 页右图：弗洛斯建筑（Flos Architectural），天井有限公司（Atrium Ltd），凡·杜森（Van Duysen）；第 146、155 页图：马丁巴伦德/凯爱玛吉/盖提（MartinBarrund/Caiaimage/Getty）；第 104 页图：杰克逊·英戈汉姆建筑公司（Jackson Ingham）；第 134 页中下图：经潘通色彩批准使用，其他潘通商标和图片均为潘通色彩所有，经其同意方才使用。潘通色彩认证仅为艺术目的使用，并非特别要求，均为潘通 2018 版权所有；第 102、105、101 右下图、第 102、103、105、106、109、119、123、124、159 页图：普鲁克特-力豪建筑公司（Procter-Rihl Architects）；第 98、143 页图，第 144 页右下图，第 145 页图：苏艺·巴尔（Sue Barr），普鲁克特-力豪建筑公司（Procter-Rihl Architects）；第 76、77 页图，第 100 页右下图，第 141 右图，第 144 页左图：马塞洛·努内斯（Marcelo Nunes），普鲁克特-力豪建筑公司（Procter-Rihl Architects）；第 118 页图：伊斯贝乌达/图库（Esbeauda/Shutterstock）。所有其他照片和插图版权均为 Quarto 出版集团所有。尽管参与本书的工作人员已经做出了一切努力，但若有任何遗漏或错误，Quarto 出版集团愿致以诚挚的歉意，并且很乐意对本书进行改版修正。

Quarto 出版集团团队

高级编辑（Senior editor）：凯特·波克特（Kate Burkett）

艺术编辑（Art editor）：杰基·帕尔马（Jackie Palmer）

设计师（Designer）：约翰·葛雷恩（John Grain）

摄影师（Photographer）：菲尔·威尔金斯（Phil Wilkins）

图片收集（Picture researcher）：苏珊娜·杰伊斯（Susannah Jayes）

出版商（Publisher）：萨满塔·沃灵顿（Samantha Warrington）